□ 中国高等职业技术教育研究会推荐

高职高专电子、通信类专业"十一五"规划教材

电子设计自动化

主编　孙加存

参编　王　鹏　赵志强　陶志福

主审　尹常永

西安电子科技大学出版社

内 容 简 介

本书系统地介绍了电子设计自动化(EDA)的设计方法与设计过程,主要内容有 EDA 技术概述、EDA 技术的设计方法、EDA 技术的工具软件、EDA 技术的硬件载体、EDA 技术所使用的硬件描述语言及一些常用数字电路设计方案。

本书注重实用性,以理论为指导,实践内容贯穿全书各章节。理论讲述重点突出,内容新颖;实践过程由简到繁,循序渐进;按照实际产品的原型设计实训项目,使教学与实际电路产品设计接轨。

本书可作为高职高专电子、通信类专业及自动控制类专业学生的教材使用,也可供从事电子系统开发和电子系统设计的技术人员参考。

★ 本书配有电子教案,有需要者可登录出版社网站,免费下载。

图书在版编目(CIP)数据

电子设计自动化/孙加存主编. —西安:西安电子科技大学出版社,2008.8(2012.12 重印)
中国高等职业技术教育研究会推荐. 高职高专电子、通信类专业“十一五”规划教材
ISBN 978-7-5606-2081-7

Ⅰ. 电… Ⅱ. 孙…
Ⅲ. 电子电路—电路设计:计算机辅助设计—高等学校:技术学校—教材 Ⅳ. TN702

中国版本图书馆 CIP 数据核字(2008)第 096597 号

策 划	张晓燕	
责任编辑	张晓燕	
出版发行	西安电子科技大学出版社(西安市太白南路 2 号)	
电 话	(029)88242885 88201467	邮 编 710071
网 址	www.xduph.com	电子邮箱 xdupfxb001@163.com
经 销	新华书店	
印刷单位	陕西天意印务有限责任公司	
版 次	2008 年 8 月第 1 版 2012 年 12 月第 3 次印刷	
开 本	787 毫米×1092 毫米 1/16 印 张 14.875	
字 数	345 千字	
印 数	7001~10 000 册	
定 价	21.00 元	

ISBN 978-7-5606-2081-7/TN·0443

XDUP 2373001-3

如有印装问题可调换

本社图书封面为激光防伪覆膜,谨防盗版。

序

进入 21 世纪以来，高等职业教育呈现出快速发展的形势。高等职业教育的发展，丰富了高等教育的体系结构，突出了高等职业教育的类型特色，顺应了人民群众接受高等教育的强烈需求，为现代化建设培养了大量高素质技能型专门人才，对高等教育大众化作出了重要贡献。目前，高等职业教育在我国社会主义现代化建设事业中发挥着越来越重要的作用。

教育部 2006 年下发了《关于全面提高高等职业教育教学质量的若干意见》，其中提出了深化教育教学改革，重视内涵建设，促进"工学结合"人才培养模式改革，推进整体办学水平提升，形成结构合理、功能完善、质量优良、特色鲜明的高等职业教育体系的任务要求。

根据新的发展要求，高等职业院校积极与行业企业合作开发课程，根据技术领域和职业岗位群任职要求，参照相关职业资格标准，改革课程体系和教学内容，建立突出职业能力培养的课程标准，规范课程教学的基本要求，提高课程教学质量，不断更新教学内容，而实施具有工学结合特色的教材建设是推进高等职业教育改革发展的重要任务。

为配合教育部实施质量工程，解决当前高职高专精品教材不足的问题，西安电子科技大学出版社与中国高等职业技术教育研究会在前三轮联合策划、组织编写"计算机、通信电子、机电及汽车类专业"系列高职高专教材共 160 余种的基础上，又联合策划、组织编写了新一轮"计算机、通信、电子类"专业系列高职高专教材共 120 余种。这些教材的选题是在全国范围内近 30 所高职高专院校中，对教学计划和课程设置进行充分调研的基础上策划产生的。教材的编写采取在教育部精品专业或示范性专业的高职高专院校中公开招标的形式，以吸收尽可能多的优秀作者参与投标和编写。在此基础上，召开系列教材专家编委会，评审教材编写大纲，并对中标大纲提出修改、完善意见，确定主编、主审人选。该系列教材以满足职业岗位需求为目标，以培养学生的应用技能为着力点，在教材的编写中结合任务驱动、项目导向的教学方式，力求在新颖性、实用性、可读性三个方面有所突破，体现高职高专教材的特点。已出版的第一轮教材共 36 种，2001 年全部出齐，从使用情况看，比较适合高等职业院校的需要，普遍受到各学校的欢迎，一再重印，其中《互联网实用技术与网页制作》在短短两年多的时间里先后重印 6 次，并获教育部 2002 年普通高校优秀教材奖。第二轮教材共 60 余种，在 2004 年已全部出齐，有的教材出版一年多的时间里就重印 4 次，反映了市场对优秀专业教材的需求。前两轮教材中有十几种入选国家"十一五"规划教材。第三轮教材 2007 年 8 月之前全部出齐。本轮教材预计 2008 年全部出齐，相信也会成为系列精品教材。

教材建设是高职高专院校教学基本建设的一项重要工作。多年来，高职高专院校十分重视教材建设，组织教师参加教材编写，为高职高专教材从无到有，从有到优、到特而辛勤工作。但高职高专教材的建设起步时间不长，还需要与行业企业合作，通过共同努力，出版一大批符合培养高素质技能型专门人才要求的特色教材。

我们殷切希望广大从事高职高专教育的教师，面向市场，服务需求，为形成具有中国特色和高职教育特点的高职高专教材体系作出积极的贡献。

中国高等职业技术教育研究会会长

2007 年 6 月

高职高专电子、通信类专业"十一五"规划教材
编审专家委员会名单

主　任：温希东（深圳职业技术学院副校长　教授）

副主任：马晓明（深圳职业技术学院通信工程系主任　教授）

余　华（武汉船舶职业技术学院电子电气工程系主任　副教授）

电子组　组　长：余　华(兼)（成员按姓氏笔画排列）

于宝明（南京信息职业技术学院电子信息工程系副主任　副研究员）

马建如（常州信息职业技术学院电子信息工程系副主任　副教授）

刘　科（苏州职业大学信息工程系　副教授）

刘守义（深圳职业技术学院　教授）

许秀林（南通职业大学电子系副主任　副教授）

高恭娴（南京信息职业技术学院电子信息工程系　副教授）

余红娟（金华职业技术学院电子系主任　副教授）

宋　烨（长沙航空职业技术学院　副教授）

李思政（淮安信息职业技术学院电子工程系主任　讲师）

苏家健（上海第二工业大学电子电气工程学院　教授）

张宗平（深圳信息职业技术学院电子通信技术系　高级工程师）

陈传军（金陵科技学院电子系主任　副教授）

姚建永（武汉职业技术学院电信学院院长　副教授）

徐丽萍（南京工业职业技术学院电气与自动化系　高级工程师）

涂用军（广东科学技术职业学院机电学院副院长　副教授）

郭再泉（无锡职业技术学院自动控制与电子工程系主任　副教授）

曹光跃（安徽电子信息职业技术学院电子工程系主任　副教授）

梁长垠（深圳职业技术学院电子工程系　副教授）

通信组　组　长：马晓明(兼)（成员按姓氏笔画排列）

王巧明（广东邮电职业技术学院通信工程系主任　副教授）

江　力（安徽电子信息职业技术学院信息工程系主任　副教授）

余　华（南京信息职业技术学院通信工程系　副教授）

吴　永（广东科学技术职业学院电子系　高级工程师）

张立中（常州信息职业技术学院　高级工程师）

李立高（长沙通信职业技术学院　副教授）

林植平（南京工业职业技术学院电气与自动化系　高级工程师）

杨　俊（武汉职业技术学院通信工程系主任　副教授）

俞兴明（苏州职业大学电子信息工程系　副教授）

项目策划 马乐惠

策　　划 张　媛　薛　媛　张晓燕

前　言

　　电子设计自动化(EDA)是近几年迅速发展起来的计算机软件、硬件和微电子技术交叉形成的现代电子设计技术，其含义已经不局限在当初的类似 Protel 电路版图设计自动化的概念，目前 EDA 技术更多的是指芯片内的电路设计自动化。也就是说，开发人员完全可以通过自己设计电路来定制其芯片内部的电路功能，使之成为专用集成电路(ASIC)芯片，这就是当今的用户可编程逻辑器件(PLD)技术。用户完全可以不懂具体的硬件电路结构，而只通过硬件描述语言就设计出功能强大的数字系统。电子设计工程师只要拥有一台电脑、一套 EDA 开发工具、一块 FPGA/CPLD 芯片，就可以设计出所需的专用集成电路，大大减少了开发成本和开发时间。设计人员可以通过软件编程来修改硬件的功能，极大地提高了设计的灵活性和通用性，使电子设计变得简单、快速。

　　目前，在世界范围内，可编程逻辑器件受到了业界的普遍欢迎，在近几年得到了迅速的发展，其集成度和工作速度不断提高，功能不断完善，已经成为当今实现电子系统集成化的重要工具。因此，EDA 技术势必成为广大电子信息工程技术人员必须掌握的技术，运用 EDA 技术设计电子系统也是一个电子工程师必备的技能。

　　教育部高度重视 EDA 技术的教学，要求电子技术类课程的体系和内容作相应的改革，在设计手段上应用 EDA 工艺和 FPGA/CPLD 方法。EDA 技术与 FPGA/CPLD 方法是电子技术类课程教学改革的重要方向。在 2000 年以前，该类课程主要在研究生与本科生中开展，随着 EDA 技术的普及和设计方法的简单化，目前各大高职院校相继开设该类课程。但是与高职教育配套的教材不是很多，大多数高职院校所采用的教材是针对本科教育所编写的，侧重点不同。编者经过多年的教学，组织相关教学第一线的老师编写了本书。本书在内容的安排上，既考虑了 EDA 技术本身的系统性、完整性，又考虑了 EDA 技术教学的可操作性与高职教育强调掌握实践技能的要求，做到理论与实践有机结合。本书按照 EDA 技术的基本理论→EDA 技术的工具软件→EDA 技术的硬件载体→VHDL 语言知识→常用数字电路设计→数字系统的设计这样的顺序编写，内容完整，前后连贯，所采用的硬件元器件与工具软件均为目前市场上应用的主流产品。例如硬件载体采用 ALTERA 公司的 ALTERA Cyclone 系列 FPGA 芯片，工具软件主要介绍 ALTERA 公司的 Quartus II 软件。为了适应大多数高校的 EDA 教学开发系统，书中也介绍了 MAX + plus II 工具软件。本书强调学生实际技能的培养，各章基本都安排相关的实训项目，可以让学生学完相关章节内容后有一个实际动手的机会，授课教师也可以根据实训项目对书中内容进行整理，运用项目教学的方法，提高教学效果。本书实训项目较多，其对应的实践教学平台的建设及相关教材内容的设置为江苏省教育科学"十一五"规划(重点)课题(高职教育实践教学体系构建和基地建设研究)阶段性成果，课题批准文号为 B—b/2006/01/003。

本书是编者在多年的开发和教学经验基础上编写而成的。全书共 8 章，第 1 章介绍了 EDA 技术的发展历程与应用及 EDA 技术的发展趋势；第 2 章介绍了 EDA 技术的设计方法，包括传统的数字电路设计方法、现代数字系统设计方法、运用 EDA 技术设计数字系统的设计流程及一些常用工具软件介绍，本章的实训介绍了 MAX + plus Ⅱ 软件的使用；第 3 章介绍了 EDA 技术的硬件载体结构，主要以 ALTERA 公司的硬件进行讲解，并简单介绍了 SOC 技术，本章的实训介绍了 Quartus Ⅱ 软件的使用；第 4、5、6 章介绍了 VHDL 语言的知识，包括 VHDL 语言中的实体、结构体、包集合、库、配置、数据类型、数据对象、描述语句与描述风格；第 7 章介绍了常用数字电路的设计方法；第 8 章介绍了数字系统的设计方法。除了第 1 章没有安排实训外，其余各章都安排有实训项目。

本书第 1、2 章由赵志强编写，第 3 章由王鹏与陶志福共同编写，第 4、5、6 章由孙加存编写，第 7 章由王鹏编写，第 8 章由陶志福编写。全书由孙加存统稿。

CPLD/FPGA 技术发展十分迅速，我们和广大读者一样，也在不断地学习。由于编者水平有限且时间仓促，书中遗漏之处在所难免，衷心希望读者批评指正。

编者 E-mail：sjc@jssvc.edu.cn   wpeng@jssvc.edu.cn

编　者

2008 年 4 月

目 录

第 1 章　EDA 技术概述

电子设计自动化(Electronic Design Automation，EDA)技术以计算机为基础工作平台，以微电子技术为物理基础，以现代电子技术设计技术为灵魂，采用计算机软件工具，最终实现电子系统或专用集成电路(Application Specific Integrated Circuit，ASIC)的设计。EDA 技术的使用者包括两类：一类是专用集成电路芯片的设计研发人员；另一类是广大电子线路设计人员。后者并不具备专门的 IC(集成电路)深层次的知识。本书所阐述的 EDA 技术是以后者为应用对象的。在本书中，EDA 技术可简单概括为以大规模可编程逻辑器件为设计载体，通过硬件描述语言或将逻辑图输入给相应 EDA 开发软件，经过编译和仿真，最终将所设计的电路下载到设计载体中，从而完成系统设计任务的一门新技术。

1.1　EDA 技术的发展历程

伴随着计算机、集成电路、电子系统设计的发展，EDA 技术经历了计算机辅助设计(Computer Assist Design，CAD)、计算机辅助工程设计(Computer Assist Engineering Design，CAED)和电子设计自动化(Electronic Design Automation，EDA)三个发展阶段。

1．20 世纪 70 年代的计算机辅助设计阶段

早期的电子系统硬件设计采用分立元件。随着集成电路的出现和应用，硬件设计进入到大量选用中小规模标准集成电路阶段。人们将这些器件焊接在电路板上，做成初级的电子系统。对电子系统的调试是在组装好的印刷电路板(Printed Circuit Board，PCB)上进行的。

由于传统的手工布图方法无法满足产品复杂性的要求，更不能满足工作效率的要求，因而人们开始将产品设计过程中具有高度代表性的繁杂劳动(如布图布线工作)用二维图形编辑与分析 CAD 工具替代，其中最具代表性的产品就是美国 ACCEL 公司开发的 Tango 布线软件。PCB 布图布线工具受到计算机工作平台的制约，因此其支持的设计工作有限，且性能比较差。

2．20 世纪 80 年代的计算机辅助工程设计阶段

随着微电子工艺的发展，相继出现了集成上万只晶体管的微处理器、集成几十万门到上百万门储存单元的随机存储器和只读存储器。此外，支持定制单元电路设计的硅编程、掩膜编程的门阵列，如标准单元的半定制设计方法以及可编程逻辑器件(PAL 和 GAL)等一系列微结构和微电子学的研究成果，这些都为电子系统的设计开辟了新天地，使得可以用少数几种通用的标准芯片实现电子系统的设计。

伴随着计算机和集成电路的发展，EDA 技术进入到计算机辅助工程设计阶段。20 世纪

80年代初推出的EDA工具以逻辑模拟、定时分析、故障仿真、自动布局和布线为核心，重点解决电路设计完成之前的功能检测等问题。利用这些工具，设计师能在产品制作之前预知产品的功能与性能，能生成产品制造文件。

如果说20世纪70年代的自动布局布线的CAD工具代替了设计工作中的绘图和重复劳动，那么20世纪80年代出现的具有自动综合能力的CAED工具则替代了设计师的部分工作，对保证电子系统的设计、制造出最佳的电子产品起着关键的作用。到了20世纪80年代后期，EDA工具已经可以进行设计描述、综合与优化和设计结果验证。CAED阶段的EDA工具不仅为成功开发电子产品创造了有利的条件，而且为高级设计人员的创造性劳动提供了方便。但此时，大部分从原理图出发的EDA工具仍然不能适应复杂电子系统的设计要求，而具体化的元件图形仍制约着对设计的优化。

3. 20世纪90年代电子系统设计自动化(EDA)阶段

为了满足千差万别的系统用户提出的设计要求，最好的办法是由用户自己设计芯片，让他们把所需的电路直接设计在自己的专用芯片上。微电子技术的发展，特别是可编程逻辑器件的发展，使得微电子厂家可以为用户提供各种规模的可编程逻辑器件，使设计者能够通过设计芯片来实现电子系统功能。EDA工具的发展，又为设计师提供了全线EDA工具。这个阶段发展起来的EDA工具，目的是在设计前期将设计师从事的许多高层次设计工作由工具来完成，如可以将用户要求转换为设计技术规范，有效地处理可用的设计资源与理想的设计目标之间的矛盾，按具体的硬件、软件和算法分解设计等。电子技术和EDA工具的发展，使设计师可以在不太长的时间内使用EDA工具，通过一些简单的、标准化的设计过程，利用微电子厂家提供的设计库来完成数万门ASIC和集成系统的设计与验证。

20世纪90年代，设计师逐步从使用硬件转向设计硬件，从单个电子产品开发转向系统级电子产品SOC(System on a chip，即片上系统集成)开发。因此，EDA工具是以系统级设计为核心，包括系统行为级描述与结构综合、系统仿真与测试验证、系统划分与指标分配、系统决策与文件生成等一整套的电子系统设计自动化工具。这时的EDA工具不仅具有电子系统设计的能力，而且能提供独立于工艺和厂家的系统级设计能力，具有高级抽象的设计构思手段，从而使电子系统设计更简单，使电子系统设计不再是电子工程师的专利。

1.2　EDA技术的应用

EDA技术在教学、科研、产品设计与制造等各方面都发挥着巨大的作用。在教学方面，几乎所有理工科院校的电子信息类专业都开设了EDA课程，主要目的是让学生了解EDA的基本概念和基本原理，掌握用HDL(Hardware Design Language)语言编写规范的程序，掌握逻辑综合的理论和算法，使用EDA工具进行电子电路课程的实验并进行简单系统的设计，为今后工作打下基础。

在科研方面，主要利用电路仿真工具(EWB或Pspice)进行电路设计与仿真，利用虚拟仪器进行产品测试，将CPLD/FPGA器件实际应用到仪器设备中，从事PCB设计和ASIC设计等。

在产品设计与制造方面，EDA技术应用于仿真、生产、测试等各个环节，如PCB的制作、电子设备的研制与生产、电路板的焊接、运用 FPGA/CPLD 进行数字系统的设计与制作、ASIC 的流片过程，等等。

　　EDA 技术已经应用于各行各业，在机械、电子、通信、航空航天、化工、矿产、生物、医学、军事等各个领域都有 EDA 技术的应用。另外，EDA 软件的功能也日益强大。

1.3　EDA 技术的发展趋势

　　从目前的 EDA 技术来看，其发展趋势是政府重视、使用普及、应用广泛、工具多样、软件功能强大。随着微电子技术与工具软件的发展，EDA 技术的硬件载体、软件开发工具与设计输入方式等都发生了很大的变化。

1.3.1　EDA 工具的发展

1．设计输入工具的发展趋势

　　早期 EDA 工具的设计输入普遍采用原理图输入方式，以文字和图形作为设计载体和文件，将设计信息加载后，由后续的 EDA 工具完成设计分析工作。原理图输入方式的优点是直观，能满足以设计分析为主的一般要求，但是原理图输入方式不适合用 EDA 综合工具。20 世纪 80 年代末，电子设计开始采用新的综合工具，设计描述转向以各种硬件描述语言为主的编程方式。用硬件描述语言描述设计，更接近系统行为描述，且便于综合，更适于传递、修改和设计信息，还可以建立独立于工艺的设计文件。其不便之处是不太直观，要求设计师学会编程。

　　很多电子设计师都具有原理图设计的经验，不具有编程经验，所以仍然希望继续在比较熟悉的符号与图形环境中完成设计，而不是利用编程完成设计。为此，EDA 工具软件公司在 20 世纪 90 年代相继推出一批图形化免编程的设计输入工具，允许设计师用他们最熟悉的设计方式，如框图、状态图、真值表和逻辑方程建立设计文件，然后由 EDA 工具自动生成综合所需的硬件描述语言文件。

2．具有混合信号处理能力的 EDA 工具

　　目前，数字电路设计的 EDA 工具比模拟集成电路的 EDA 工具多。模拟集成电路 EDA 工具开发的难度较大，但实现高性能复杂电子系统的设计还离不开模拟信号，因此，20 世纪 90 年代以来，EDA 工具厂商都比较重视数/模混合信号设计工具的开发。具有混合信号设计能力的 EDA 工具能处理含有数字信号处理、专用集成电路宏单元、数/模变换模块、各种压控振荡器在内的混合系统设计。美国 Cadence、Synopsys 等公司开发的 EDA 工具软件就具有这种混合系统设计能力。

3．仿真工具的发展

　　在整个电子设计过程中，仿真是花费时间最多，同时也是占用 EDA 工具资源最多的一个环节。通常，设计的大量工作都是在进行仿真，如验证设计的有效性、测试设计的精度和保证设计的要求等。提高仿真的有效性一方面应建立合理的仿真算法，另一方面应在系统级仿真中建立系统级模型，在电路级仿真中建立电路级模型。预计在下一代的 EDA 工具中，仿真工具还会有较大的发展。

4．综合工具的开发

随着电子系统和电路的集成规模越来越大，已不可能直接面向版图做设计，且要找出设计中的错误也更加困难。将设计者从繁琐的版图设计和分析工作中转移到设计前期的算法开发和功能验证上，这是设计综合工具要达到的目的。高层次综合工具可以将低层次的硬件设计一起转换到物理级的设计，实现不同层次、不同形式的设计描述转换，通过各种综合算法实现设计目标所规定的优化设计。设计者的经验在设计综合中起重要作用，自动综合工具将有效地提高优化设计效率。

综合工具由最初的只能实现逻辑综合，逐步发展到可以实现设计前端的综合，直到设计后端的版图综合以及测试综合的理想且完整的综合工具。设计前端的综合工具可以实现从算法级的行为描述到寄存器传输级结构描述的转换，给出满足约束条件的硬件结构。在确定寄存器传输结构描述后，由逻辑综合工具完成硬件门级结构的描述，逻辑综合后的结果作为版图综合的输入数据，进行版图综合。版图综合将门级和电路级的结构描述转换成物理版图的描述，通过自动交互的设计环境，实现按面积、速度和功率完成布局布线的优化，实现最佳的版图设计。将设计测试工作提前到设计前期，可以缩短设计周期，减少测试费用。测试综合贯穿整个设计过程，可以消除设计小的冗余逻辑，诊断不可测的逻辑结构，自动插入可测性结构，生成测试向量。

随着电子产品市场的飞速发展，电子设计人员需要更加实用、快捷的 EDA 工具，使用统一的集成化设计环境，改变传统设计思路，即优先考虑具体物理实现方式，将精力集中到设计构思、方案比较和寻找优化设计等方面，以最快的速度开发出性能好、质量高的电子产品。

1.3.2　EDA 硬件载体的发展方向

EDA 技术的硬件载体在本书中指的是可编程逻辑器件，它已经成为当今世界最具吸引力的半导体器件，在现代电子系统设计中扮演着越来越重要的角色。其未来的发展方向包括以下几个方面：

(1) 向密度更高、速度更快、频带更宽的百万门方向发展。例如，Xilinx 的 XC4036XV 系统的产品其工作速度可以达到 1 GHz，Virtex FPGA 是 100 万门的系统级器件，ALTERA 也已经推出 250 万门以上的可编辑逻辑芯片。

(2) 向系统内可重构的方向发展。系统内可重构是指可编辑芯片在置入用户系统后仍具有改变其内部功能的能力。采用系统内可重构技术，使得系统内硬件的功能可以像软件那样通过编程来配置，从而在电子系统中引入"软硬件"的全新概念，不仅使电子系统的设计和产品性能的改进扩充变得十分简便，还使新一代电子系统具有极强的灵活性和适应性，为许多复杂信号的处理及信息加工的实现提供了新的思路和方法。

(3) 向混合可编程器件技术发展。目前运用 EDA 技术设计的电路主要是数字电路，在未来几年内这一局面将会有所改变，模拟电路及数模混合电路的可编程技术将有所发展。比如美国 Lattice 于 1999 年底推出的 ispPAC，就允许设计者使用开发软件在计算机中设计、修改模拟电路，进行电路特性模拟仿真，最后通过编程电缆将设计方案下载至芯片中。ispPAC 可以实现三种功能：信号调理(对信号放大、衰减、滤波)，信号处理(对信号进行求和、求差、积分运算)，信号转换(将数字信号转换成模拟信号)。

(4) 向低电压、低功耗的绿色元件发展。集成技术的发展，工艺水平的不断提高，也使得可编辑芯片的工作电压正在逐渐降低，功耗在不断减少。Philips 的 XPLA1 系列 CPLD 芯片，其功耗就是普通芯片的 1/1000。

总的来说，EDA 的发展趋势表现在如下几个方面：

(1) 超大规模集成电路的集成度和工艺水平不断提高，深亚微米工艺走向成熟，使片上系统设计成为可能。

(2) 市场对电子产品提出更高的要求，如降低电子系统的成本、减小系统的体积等，从而对系统的集成度不断提出更高的要求。

(3) 高性能的 EDA 工具得到长足发展，自动化和智能化程度不断提高，为嵌入式系统设计提供功能强大的开发环境。

(4) 计算机硬件设计平台性能大幅度提高，为复杂的片上系统提供了物理基础。

习　　题

1.1　一般把 EDA 技术的发展分为哪几个阶段？

1.2　简述 EDA 技术的应用。

1.3　简述 EDA 技术的发展趋势。

1.4　简述 EDA 工具的发展。

1.5　叙述可编辑逻辑器件的发展方向。

第 2 章　EDA 技术的设计方法

数字系统的设计可以采用不同的方法，具体选择哪一种设计方法有多方面的考虑，如设计者的设计经验、设计的规模和复杂程度、设计采用的工艺及选定的 IC 生产厂家或选用的可编程器件等。在今天复杂的 IC 设计环境下，概括起来只有两种设计方法供数字系统设计人员选择：一种为由底向上(Bottom-up)的设计方法，也称为传统的设计方法；另一种为自顶向下(Top-down)的设计方法，也称为现代的设计方法。

2.1　传统的设计方法

由底向上的设计方法其主要步骤是：根据系统对硬件的要求详细编制技术规格书，画出系统控制流程图，对系统的功能进行细化，合理地划分功能模块，并画出系统的功能框图；进行各功能模块的细化和电路设计；各功能模块设计、调试完成后，将各功能模块的硬件电路连接起来再进行系统的调试，最后完成整个系统的硬件设计。其设计过程大致如图 2-1 所示。

图 2-1　由底向上的设计方法流程图

由底向上的硬件设计方法有如下几个特征：

(1) 设计的方向是自底至上，先设计最小的单元电路。使用该方法进行硬件设计首先要选择具体的元器件，并用这些元器件进行逻辑电路设计，从而完成系统的硬件设计，然后再将各功能模块连接起来，完成整个系统的硬件设计。

(2) 采用通用逻辑元器件，通常采用 74 系列或 CMOS4000 系列的产品进行设计。

(3) 在系统硬件设计的后期进行调试和仿真。只有在部分或全部硬件电路连接完成后，才可以进行电路调试，一旦考虑不周到，系统设计存在较大缺陷，则要重新设计，使设计周期延长。

(4) 设计结果是多张电路图。设计调试完毕形成电路原理图，该图包括元器件型号和信号之间的互连关系等。

由底向上的设计方法是传统的 IC 和 PCB 的设计方法。采用由底向上的设计方法需要设计者先定义和设计每个基本模块，然后对这些模块进行连线以完成整体设计。在 IC 设计复杂程度低于 10 000 门时，常采用这种设计方法，但是随着设计复杂程度的增加，该方法会产生产品生产周期长、可靠性低、开发费用高等问题。

2.2　现代的设计方法

　　EDA 技术采用现代的设计方法——自顶向下的设计方法。这种设计方法综合运用各方面的知识，设计者必须从系统的角度来分析每个设计，同时还要对数字电路结构、EDA 工具、微电子等有关知识有比较全面的了解，这样才能发挥自顶向下设计的优势，提高电路设计的质量和效率。在进行自顶向下的设计时，仿真和综合只是系统实现的手段，要成功完成一个复杂系统的设计，不仅要熟练使用先进的高层次设计工具，还要对系统本身有正确理解。

　　采用自顶向下技术进行设计可分为三个主要阶段：系统设计、系统的综合优化和系统实现，各个阶段之间并没有绝对的界限。图 2-2 是一个完整的自顶向下的设计流程。

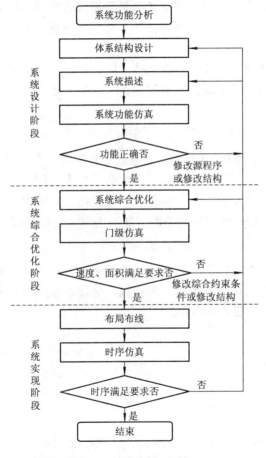

图 2-2　自顶向下设计流程

2.2.1　系统设计

　　系统设计是整个设计流程中最重要的部分，它包括系统功能分析、体系结构设计、系统描述与系统功能仿真 4 个步骤，这一阶段所做的工作基本上决定了所设计电路的性能，后面所做的工作都是以这一部分为基础的。

1. 系统功能分析

进行系统功能分析的目的是在进行系统设计之前明确系统的需求，也就是确定系统所要完成的功能、系统的输入输出以及输入输出之间的关系等，并且要确定系统的时序要求。

系统功能分析的另外一个目的就是进行系统的模块划分。在系统分析时，应根据功能的耦合程度，将系统划分为不同的功能模块，每一个功能都映射到一个模块，同时还需要确定模块之间的相互关系，这是模块化设计的基本要求。

2. 体系结构设计

体系结构设计是整个系统设计阶段最重要的工作，它的首要任务就是数据通路和控制通路的设计。在数字系统设计中，系统的控制是建立在数据通路基础之上的，不同的数据通路对应了不同的控制通路。数据通路的设计包括被处理数据的类型分析、处理单元的划分以及处理单元之间的关联程度等。控制通路是数据通路上数据传输的控制单元，用于协调数据处理单元之间的关系。控制通路的设计主要包括数据的调度、数据的处理算法和正确的时序安排。

数据通路和控制通路的设计并不是截然分开的，有时在确定好数据通路后，由于时序或数据调度等问题，而不得不重新修改数据通路。一般来说，数据通路与控制通路的设计往往要经过多次反复才能达到最优效果。

3. 系统描述

所谓系统描述，也就是使用 HDL 语言对系统进行编码。在进行大型软件的开发时，编码与前面所进行的系统划分工作相比就显得不那么重要了，但在使用硬件描述语言进行数字电路描述时，情况则完全不同，因为语言的描述直接决定着电路的性能，不好的编码将无法反映所确定的体系结构，可能导致前面所做的工作完全被浪费。

4. 系统功能仿真

系统功能仿真用于检查设计者所编写的硬件描述语言代码是否完成了预定的功能。几乎所有的高层设计软件都支持语言级的系统仿真，这样在系统综合前就可以通过系统功能仿真来验证所设计系统的功能正确与否。

2.2.2 系统综合优化

在完成系统功能仿真后，接下的工作就是系统的综合优化，主要包括系统的综合优化与门级仿真。

1. 系统的综合优化

综合器对系统的综合优化主要分为两步：第一步将硬件描述语言翻译成门电路；第二步对产生的电路进行优化。综合优化的主要工作是在第二步进行的，判断一个综合器性能的标准也基于这一步。

系统优化的目的就是花费最少的硬件资源满足最大的时序要求，所以系统优化就是在系统的速度和面积之间找到一个最佳方案。系统优化的关键在于系统约束条件的设定，施加到系统的约束条件将使综合器对系统的优化按照设计者期望的目标进行。

2．门级仿真

综合工具可以从综合优化后的电路中提取出系统门级描述的硬件描述语言文件，该文件内不仅包含了完成系统功能所需的元件信息，而且也包含了电路元件的一些时序信息，但不包含元件之间的连线信息。门级仿真比功能仿真可以更精确地反映电路的时序特性，经过门级仿真的电路通过布局布线后仿真的可能性增大。进行 ASIC 设计时，在生产厂家的工艺库上布局布线的流程较为繁琐，进行门级仿真可以在进行布局布线之前最大限度地发现问题而节省时间。如果进行布局布线后时序仿真的条件便利，很多情况下就不需要进行门级仿真工作了。比如在使用可编程器件(FPGA 或 CPLD)实现电路时，设计者可以相对地获得布局布线后提取出的延时信息文件，这样就不需要再进行门级仿真了。

2.2.3　系统实现

如果系统综合优化的结果满足设计者的要求，就可以进行系统实现了，设计者可以将综合后的电路的网表文件和设计者的时序要求交给 IC 生产厂家进行下一步的工作，也可以通过 EDA 工具软件对 FPGA/CPLD 芯片进行配置与编程。

2.3　EDA 设计过程

上一节介绍了现代电路设计的流程，这一节介绍运用 EDA 技术进行数字系统设计的过程。完整地了解 EDA 技术进行设计开发的流程对于正确选择和使用 EDA 软件、优化设计项目、提高设计效率十分有益。一个完整的、典型的 EDA 设计流程既是自顶向下设计方法的具体实施途径，也是 EDA 工具软件本身的组成结构。在实践中进一步了解这一设计流程的诸多设计工具，有利于有效地排除设计中出现的问题，提高设计质量和总结设计经验。图 2-3 是运用 EDA 技术进行数字系统设计的流程图。

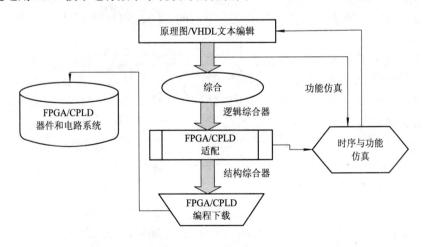

图 2-3　EDA 设计流程图

由图 2-3 知，可以把 EDA 设计流程分为：设计输入、功能仿真、综合、适配、时序仿真与下载。

2.3.1 设计输入

将电路系统以一定的表达方式输入计算机，是在 EDA 软件平台上对 FPGA/CPLD 开发的最初步骤。通常，EDA 工具的设计输入可分为图形输入和硬件描述语言输入两种。

1．图形输入

图形输入通常包括原理图输入、状态图输入和波形图输入三种方法。

状态图输入方法根据电路的控制条件和不同的转换方式，用绘图的方式在 EDA 工具的状态图编辑器上绘出状态图，然后由 EDA 编译器和综合器将此状态变化流程图编辑综合成电路网表。

波形图输入方法则将待设计的电路看成是一个黑盒子，该黑盒子电路的输入和输出是时序波形图，EDA 工具能据此完成黑盒子电路的设计。

原理图输入是 EDA 设计中最常用的方式，类似于传统电子设计的原理图输入方法，即在 EDA 软件的图形编辑界面中绘制能完成特定功能的电路原理图。原理图由逻辑器件(符号)和连线构成，图中的逻辑器件可以是 EDA 软件库中预制的功能模块，如与门、非门、或门、触发器以及各种 74 系列器件功能的宏功能块，也可以调用由 HDL 语言编写的程序电路，把该程序电路看成一个电路符号进行调用。

原理图编辑绘制完成后，原理图编辑器将对输入的图形文件进行排错，之后再将其编译成适用于逻辑综合的网表文件。用原理图输入的优点是显而易见的：

(1) 设计者进行电子线路设计不需要增加新的相关知识，如 HDL 语言等。

(2) 方法与 Protel 作图相似，设计过程形象直观，适用于初学与演示。

(3) 对于较小的电路模型，其结构与实际电路十分接近，设计者易于把握电路全局。

(4) 由于设计方式接近于底层电路布局，因而易于控制逻辑资源的使用，节省面积。

然而，使用原理图输入也存在以下缺点：

(1) 图形设计方式并没有得到标准化，不同的 EDA 软件中的图形文件兼容性差，难以交换与管理。

(2) 随着电路设计规模的扩大，原理图输入描述方式必然引起一系列难以克服的困难，如电路功能原理的易读性下降，错误排查困难，整体调整和结构升级困难等。

(3) 由于图形文件的不兼容性，使性能优秀的电路模块的再利用十分困难，这是图形输入应用的最大障碍。

一般在数字电子系统设计中采用原理图与硬件描述语言共同输入的方式，顶层系统文件采用原理图输入，而各个子模块采用硬件描述语言输入。

2．硬件描述语言(HDL)输入

随着 EDA 技术的发展，使用硬件语言设计 CPLD/FPGA 成为一种趋势。目前最主要的硬件描述语言是 VHDL 和 Verilog HDL。VHDL 发展较早，语法严格，而 Verilog HDL 是在 C 语言的基础上发展起来的一种硬件描述语言，语法较自由。VHDL 和 Verilog HDL 两者相比，VHDL 的书写规则比 Verilog 烦琐一些，但 Verilog HDL 自由的语法也容易让少数初学者出错。国外电子专业很多会在本科阶段教授 VHDL，在研究生阶段教授 Verilog HDL。国内 VHDL 的参考书很多，便于查找资料，而 Verilog HDL 的参考书相对较少，这给学习 Verilog

HDL 带来一些困难。从 EDA 技术的发展上看，已出现用于 CPLD/FPGA 设计的硬件 C 语言编译软件，虽然还不成熟，应用极少，但它有可能会成为继 VHDL 和 Verilog HDL 之后，设计大规模 CPLD/FPGA 的又一种手段。

HDL 输入方式与传统的计算机软件语言编辑输入基本一致，它使用了某种硬件描述语言的电路设计文本(如 VHDL、Verilog HDL 及 AHDL)进行编辑输入。

可以说，HDL 输入方法克服了原理图输入法存在的所有弊端，为 EDA 技术的应用和发展打开一个广阔的天地。

目前有些 EDA 输入工具可以把图形输入与 HDL 输入的优势结合起来，如状态图输入编辑方式即用图形化状态机输入工具，用图形的方式表示状态图，在填好时钟信号名、状态转换条件、状态机类型等要素后，就可自动生成 VHDL/Verilog HDL 程序。又如，在原理图输入方式中，先用 VHDL 描述的各个电路模块，直观地表示系统的总体框架，再用自动 HDL 生成工具生成相应的 VHDL 或 Verilog HDL 程序，但总体上看，纯粹的 HDL 输入仍然是最基本、最有效和最通用的输入方法。

1) VHDL 输入

VHDL(Very-high-speed Integrated Circuit Hardware Description Language)诞生于 1982 年，1987 年底被 IEEE 和美国国防部确认为标准硬件描述语言。自 IEEE 公布了 VHDL 的标准版本 IEEE-1076(简称 87 版)之后，各 EDA 公司相继推出了自己的 VHDL 设计环境，或宣布自己的设计工具可以和 VHDL 接口。此后，VHDL 在电子设计领域得到了广泛的应用，并逐步取代了原有的非标准的硬件描述语言。1993 年，IEEE 对 VHDL 进行了修订，从更高的抽象层次和系统描述能力上扩展 VHDL 的内容，公布了新版本的 VHDL，即 IEEE 标准的 1076-1993 版本(简称 93 版)。现在，VHDL 和 Verilog HDL 作为 IEEE 的工业标准硬件描述语言，同样得到众多 EDA 公司的支持，在电子工程领域已成为事实上的通用硬件描述语言。有专家认为，在新的世纪中，VHDL 与 Verilog HDL 语言将承担起大部分的数字系统设计任务。

VHDL 主要用于描述数字系统的结构、行为、功能和接口。除了含有许多具有硬件特征的语句外，VHDL 的语言形式、描述风格与句法十分类似于一般的计算机高级语言。VHDL 的程序结构特点是将一项工程设计(或称设计实体，可以是一个元件、一个电路模块或一个系统)分成外部(或称可视部分及端口)和内部(或称不可视部分)，即涉及实体的内部功能和算法完成部分。在对一个设计实体定义了外部界面后，一旦其内部开发完成，其他的设计就可以直接调用这个实体。这种将设计实体分成内、外两部分的概念是 VHDL 系统设计的基础。

2) Verilog HDL 输入

早期的硬件描述语言是以一种高级语言为基础，加上一些特殊的约定而产生的，目的是为了实现 RTL 级仿真，用以验证设计的正确性，而不必像传统的手工设计过程那样，必须等到完成样机后才能进行实测和调试。

Verilog HDL 是在使用最广泛的 C 语言的基础上发展起来的一种硬件描述语言，它是由 GDA(Gateway Design Automation)公司的 PhilMoorby 在 1983 年末首创的，最初只设计了一个仿真与验证工具，之后又陆续开发了相关的故障模拟与时序分析工具。1985 年，Moorby 推出它的第三个商用仿真器 Verilog-XL，获得了巨大的成功，从而使得 Verilog HDL 迅速得到推广应用。1989 年，Cadence 公司收购了 GDA 公司，使得 Verilog HDL 成为了该公司的独家专利。1990年，Cadence 公司公开发表了 Verilog HDL，并成立了 LVI 组织以促进 Verilog HDL 成为 IEEE 标准，即 IEEE Standard 1364-1995。

Verilog HDL 的最大特点就是易学易用，如果有 C 语言的编程经验，设计者可以在较短的时间内学习和掌握 Verilog HDL，因而可以把 Verilog HDL 安排在与 ASIC 设计等相关的课程内进行讲授。由于 HDL 语言本身是专门面向硬件与系统设计的，因而这样的安排可以使学习者同时获得设计实际电路的经验。与之相比，VHDL 的学习要困难一些。

3) ABEL-HDL 输入

这是一种早期的硬件描述语言，在可编程逻辑器件的设计中可以方便、准确地描述所设计电路的逻辑功能。ABEL-HDL 支持逻辑电路的多种表达形式，其中包括逻辑方程、真值表和状态图。ABEL 语言和 Verilog 语言同属一种描述级别，但 ABEL 语言的特性受支持的程度远远不如 Verilog。Verilog 是从集成电路设计发展而来的，语言较为成熟，支持的 EDA 工具很多，而 ABEL 语言从早期可编程逻辑器件(PLD)的设计中发展而来。ABEL-HDL 被广泛用于各种可编程逻辑器件的逻辑功能设计，由于其语言描述的独立性，因而适用于各种不同规模的可编程器的设计。如 DOS 版的 ABEL3.0 软件可对包括 GAL 进行全方位的逻辑描述和设计，而在诸如 Lattice 的 ispEXPERT、DATAIO 的 Synario、Vantis 的 Design-Direct、Xilinx 的 Foundation 和 WebPack 等 EDA 软件中，ABEL-HDL 同样可用于较大规模的 FPGA/CPLD 器件功能设计。ABEL-HDL 还能对所设计的逻辑系统进行功能仿真。ABEL-HDL 设计也能通过标准格式转换文件转换至其他设计环境，如 VHDL、Verilog-HDL 等。从长远来看，ABEL-HDL 只会在较小的范围内继续存在。

4) AHDL 输入

AHDL(ALTERA HDL)是 ALTERA 公司发明的硬件描述语言，特点是非常易学易用，学过高级语言的人可以在很短的时间(如几周)内掌握 AHDL。它的缺点是移植性不好，通常只用于 ALTERA 自己的开发系统中。

2.3.2 综合过程

一般来说，综合过程是仅对于 HDL 而言的。利用 HDL 综合器对设计进行综合是十分重要的一步，因为综合过程是连接软件设计的 HDL 描述与硬件实现的一座桥梁。综合就是将电路的高级语言(如行为描述)转换成低级的、可与 FPGA/CPLD 的基本结构相映射的网表文件或程序。

当输入的 HDL 文件在 EDA 工具中检测无误后，首先面临的是逻辑综合，因此要求 HDL 源文件中的语句都是可综合的。

在综合之后，HDL 综合器一般都可以生成一种或多种文件格式网表文件，如有 EDIF、VHDL、Verilog 等标准格式，在这种网表文件中用各自的格式描述电路的结构，如在 VHDL 网表文件中采用 VHDL 的语法，用结构描述的风格重新诠释综合后的电路结构。

整个综合过程就是将设计者在 EDA 平台上编辑输入的 HDL 文本、原理图或状态图形描述，依据给定的硬件结构组件和约束控制条件进行编译、优化、转换和综合，最终获得门级电路甚至更底层的电路描述网表文件。由此可见，综合器工作前，必须给定最后实现的硬件结构参数，它的功能就是将软件描述与给定的硬件结构用某种网表文件的方式对应起来，成为相应的映射关系。

　　如果把综合理解为映射过程，那么显然这种映射不是惟一的，并且综合也不是单纯的或一个方向的。为达到速度、面积、性能的要求，往往需要对综合加以约束，称为综合约束。

2.3.3　适配器

　　适配器也称结构综合器，它的功能是将由综合器产生的网表文件配置于指定的目标器件中，使之产生最终的下载文件，如 JEDEC、Jam 格式的文件。适配器所选定的目标器件(FPGA/CPLD 芯片)必须属于原综合器指定的目标器件系列。通常，EDA 软件中的综合器可由专业的第三方 EDA 公司提供，而适配器则需由 FPGA/CPLD 供应商提供，因为适配器的适配对象直接与器件的结构细节相对应。

　　逻辑综合通过后必须利用适配器将综合后的网表文件针对某一具体的目标器件进行逻辑映射操作，包括底层器件配置、逻辑分割、逻辑布局布线操作。适配完成后可以利用适配所产生的仿真文件进行精确的时序仿真，同时产生可用于编程的文件。

2.3.4　时序仿真与功能仿真

　　在编程下载前必须利用 EDA 工具对适配生成的结果进行模拟测试，这就是仿真。仿真就是让计算机根据一定的算法和一定的仿真库对 EDA 设计进行模拟，以验证设计，排除错误。仿真是 EDA 设计过程中的重要步骤。时序与功能仿真通常由 PLD 公司的 EDA 开发工具直接提供，也可以选用第三方的专业仿真工具。

　　1．时序仿真

　　时序仿真是接近真实器件运行特性的仿真，仿真文件中已包含了器件的硬件特性参数，因此仿真精度高。但时序仿真的仿真文件必须来自针对具体器件的综合器与适配器。综合后所得到的 EDIF 等网表文件通常作为 FPGA 适配器的输入文件，产生的仿真网表文件中包含了精确的硬件延迟信息。

　　2．功能仿真

　　功能仿真是指直接对 VHDL、原理图描述或其他描述形式的逻辑功能进行功能模拟，以了解其实现的功能是否满足原设计要求，仿真过程不涉及任何具体器件的硬件，不经历综合与适配阶段，在设计项目编辑编译后即可进入门级仿真器进行模拟测试。直接进行功能仿真的好处是设计耗时短，对硬件库、综合器等没有任何要求。对于规模比较大的设计项目，综合与适配是非常耗时的，比如每一次修改后的模拟都必须进行时序仿真，显然极大地降低开发效率。因此，通常的做法是：首先进行功能仿真，待确认设计文件所表达的功能满足设计者原有意图，即逻辑功能满足要求后，再进行综合、适配和时序仿真，以便把握设计项目在硬件条件下的运行情况。

2.3.5　编程下载

　　适配后生成的下载或配置文件通过编程器或编程电缆向 FPGA 或 CPLD 进行下载，以便进行硬件调试和验证(Hardware Debugging)。

通常，将对 CPLD 的下载称为编程(Program)，对 FPGA 中的 SRAM 进行直接下载称为配置(Configure)，但对于 OTP FPGA 的下载和对 FPGA 专用 ROM 的下载仍称为编程。

FPGA 与 CPLD 的辨别和分类主要依据其结构特点和工作原理。通常的分类方法是：

(1) 将以乘积项结构方式构成逻辑行为的器件称为 CPLD，如 Lattice 公司的 ispLSI 系列、Xilinx 公司的 XC9500 系列、ALTERA 公司的 MAX7000S 系列和 Lattice(原 Vantis)的 Mach 系列等。

(2) 将以查表法结构方式构成逻辑行为的器件称为 FPGA，如 Xilinx 的 Spartan 系列、ALTERA 公司的 FLEX10K 或 ACEX1K 系列等。

另外应该注意，从目前 EDA 技术相关概念的称谓上看，"FPGA"而非"CPLD"具有更广泛的含义。例如，Synopsys 公司为 ALTERA 和 Xilinx 推出的 FPGA/CPLD 综合器是 FPGA Compiler 和 FPGA Express；Mentor 公司的综合器是 FPGA Advantage。本书中我们将利用 EDA 技术开发 FPGA/CPLD 统称为"FPGA 开发技术"。

2.3.6　硬件测试

最后对载入了设计的 FPGA 或 CPLD 的硬件系统进行统一测试，以便最终验证设计项目在目标系统上的实际工作情况，以排除错误，改进设计。

在学习 EDA 技术时，读者可以准备一个 EDA 实验开发系统，现在市场上用于教学与开发的 EDA 实验开发系统很多，可以买一套，或自己做一套，当然如果数量不多的话，自己开发成本可能很大。无论使用那种 EDA 实验开发系统，其基本原理都是一样的。用户设计的电路(包括原理图输入与 HDL 输入)经过编译后生成相应的程序(对于 FPGA 芯片为.sof 文件，对于 CPLD 芯片为 .pof 文件)，这些文件通过下载配置电路下载配置到芯片中；在开发系统中还要包括晶振电路，用于产生脉冲信号；其他电路还包括基本输入电路(如键盘电路、传感器电路、A/D 转换电路等)、基本输出电路(如数码管电路、LED 发光管电路、电机驱动电路、蜂鸣器电路、D/A 转换电路等)、扩展口电路；为了便于用户设计开发，EDA 实验开发系统往往还留有部分扩展口以供用户扩展开发使用；此外，系统中还包括一些通信接口电路(如 RS232、USB 接口电路等)、功能复杂的多媒体电路、无线发送接收电路，等等。

2.4　在系统编程技术

采用 EEPROM 编程下载技术的可编程逻辑器件具有可反复编程且能长期保存的优点，但编程时需用昂贵的专用编程器，编程效率低，使用不便，特别是对于目前常用的引脚多且具有诸如 PLCC、TQFP、PQFP、BGA 等封装的器件，采用专用编程器下载几乎无法进行实用，因为芯片在编程器上的插拔过程会损伤引脚，以致于要经修正后才能上贴装机，生产效率极低，不能进行大规模生产。

由 Lattice 公司发明的在系统可编程 ISP(In-System Programmability)技术，很好地解决了可编程器件在编程下载方面的诸多问题。这一编程方式已被其他 PLD 公司广泛采用，甚至许多单片机的编程下载方式也都采用了 ISP 技术，比如 AVR 单片机现在普遍使用 ISP 技术。

在系统可编程器件是一种无需将器件从电路板上取下、无需专门的编程高压即可编程的芯片。它通过 4～5 根编程连线与计算机的并口相连，在专门的烧录软件的帮助下，可非常方便地实现编程下载。使用这种技术可以免去以往 PLD 插拔芯片的麻烦。

ISP 器件的编程方法多种多样，可利用 PC 或工作站编程，还可用微处理器进行编程，ISP 还允许通过红外线、电话线或互联网进行远程编程等，因此可适用于各种不同的需要。采用 ISP 技术的 CPLD/FPGA 系统可以在装配后进行逻辑设计和编程下载，并能根据需要对系统硬件功能实时地加以修改或按预定程序改变逻辑组态，从而使整个硬件系统变得像软件那样灵活且易于修改。因此，可利用 ISP 技术，在不改变硬件电路和结构的情况下重构逻辑，或进行硬件升级，甚至在系统不停止工作的条件下进行远程硬件升级。显然，ISP 技术使现代数字系统设计的面貌为之一新，有力地促进了 EDA 技术的发展。其编程过程大致如下：

(1) 编程前先焊接安装芯片，以减少对器件的触摸和损伤，可使用任意封装形式的器件，如图 2-4 所示。

(2) 设计相关的下载配置电路，使由计算机并口(或其它接口)输出的下载数据通过相关的电路配置到芯片或其它存储器中。ISP 器件允许带有一般的存储电路，而且样机制造方便，支持生产和测试流程中的修改，如图 2-5 所示。

图 2-4　未编程前先焊接安装芯片

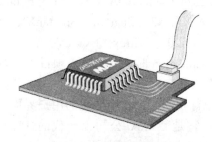

图 2-5　系统可编程器件

(3) 如果修改设计，可随时通过计算机对芯片内部的电路进行修改，允许现场硬件升级，缩短了研发周期与调试时间，如图 2-6 所示。

图 2-7 是使用 ALTERA 公司的 Quartus II 软件进行下载配置的示意图，通过计算机并口传输数据，其下载方式有 JTAG、PS、AS、In-S 等。

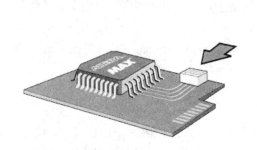

图 2-6　在系统现场修改设计

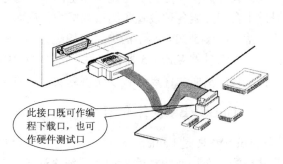

此接口既可作编程下载口，也可作硬件测试口

图 2-7　ISP 下载配置示意图

2.5　EDA 工具软件介绍

目前，ALTERA 公司是可编程逻辑器件的主要供应商之一，其主要产品有：MAX3000/7000、FLEX10K、APEX20K、ACEX1K、Stratix、Cyclone 等，其所开发的软件有 MAX + plus Ⅱ 和 Quartus Ⅱ。Xilixn 公司是 FPGA 的发明者，也是可编程逻辑器件的主要供应商之一，其产品种类较全，主要有：XC9500、Coolrunner、Spartan、Virtex 等，所开发的软件有 Foundation 和 ISE。Lattice 是 ISP 技术的发明者，ISP 技术极大地促进了 PLD 产品的发展，与 ALTERA 和 Xilinx 相比，其开发工具略逊一筹。Lattice 公司的中小规模 PLD 比较有特色，1999 年推出了可编程模拟器件，1999 年收购 Vantis(原 AMD 子公司)后成为第三大可编程逻辑器件供应商，2001 年 12 月又收购了 Agere 公司(原 Lucent 微电子部)的 FPGA 部门，其主要产品有 ispMACH4000、EC/ECP、XO、XP 以及可编程模拟器件等。另外，常见的 EDA 工具软件生产厂家还有 ACTEL 公司、Cypress 公司、QuickLogic 公司、ATMEL 公司等。下面将介绍典型的常用 EDA 工具软件。

2.5.1　ISE 软件介绍

Xilinx 公司早期的 EDA 工具软件为 Foundation，它支持的 Xilinx 公司的芯片有 XC9500、XC9500XL、XPLA3、Spartan、SpartanXL、Spartan Ⅱ、XC3000A/L、XC4000E/L/EX/XL/XV/XLA、XC5200、Virtex 和 Virtex-5 等。

运行 Foundation 时，首先进入项目管理器(Project Manager)窗口，所有的设计输入、实现和仿真都必须在项目管理器中完成。项目管理器可以对 FPGA Express 综合工具和设计实现工具进行初始化，利用合适的用户界面，在项目管理器中就可以对整个设计开发过程进行管理。它是 Xilinx 公司上一代的 PLD 开发软件，目前 Xilinx 已经停止开发升级 Foundation，而转向 ISE 软件平台。

ISE 软件引入独有的 ISE Fmax 技术，达到业界最快的逻辑性能，可对 Virtex-5 设计进行布线前和布线后优化，对新的 Express Fabric 技术的增强布线支持减少了逻辑层次和信号延迟，并可更高效地压缩设计。ISE 软件提供一种改进的时序收敛环境，为逻辑和物理设计域提供更紧密的关联；时序分析、布局规划和实现报告之间的自动交叉探测功能，为布线和调试设计提供了更大的可视性和更高效的方法；将 Xplorer 集成到设计流程中，为设计者提供了自动搜索各种设置和约束的能力，从而大大提高了用户设计的性能。此外，ISE 软件还支持 Virtex-5 FPGA 中的第二代稀疏锯齿 (Sparse Chevron)技术，极大地简化了 PCB 设计。基于大量的 Virtex-5 器件特性，ISE 软件中的新型 Xpower Estimator 工具确保了准确的功耗估计，从而允许设计者预先规划功耗预算。

2.5.2　ispLEVER 软件介绍

ispLEVER 是 Lattice 公司最新推出的一套 EDA 软件，提供设计输入、HDL 综合、验证、器件适配、布局布线、编程和在系统设计调试等功能。设计输入可采用原理图、硬件描述语言、混合输入三种方式。ispLEVER 能对所设计的数字电子系统进行功能仿真和时序仿真，其软件中含有不同的工具，适用于各个设计阶段，如 ispLEVER 软件中包含 Synplicity 公司的"Synplify"、Exemplar Logic 公司的"Leonado"综合工具和 Lattice 的 ispVM 器件编程工具。ispLEVER 软件提供给开发者一个有力的工具，用于设计所有 Lattice 可编程逻辑产品。这使得 ispLEVER 的用户能够设计所有 Lattice 公司的 FPGA、FPSC、CPLD 产品，而不必学习新的设计工具。

2.5.3　MAX + plus Ⅱ介绍

MAX+plus Ⅱ(或写成 Maxplus 2、MP2)是 ALTERA 公司推出的第三代 PLD 开发系统，使用 MAX+plus Ⅱ的设计者不需精通器件内部的复杂结构，可以用自己熟悉的设计工具(如原理图输入或硬件描述语言)建立设计，MAX+plus Ⅱ把这些设计自动换成最终所需的格式，其设计速度非常快。对于一般几千门的电路设计，使用 MAX+plus Ⅱ，从设计输入到器件编程完毕、用户拿到设计好的逻辑电路，大约只需几小时，设计处理一般在数分钟内完成。特别是在原理图输入等方面，Maxplus 2 被公认为是最易使用、人机界面最友善的 PLD 开发软件，特别适合初学者使用。其设计过程如下：

(1) 设计输入。早期，设计人员采用传统的原理图输入方法来开始设计，自 90 年代初，Verilog HDL、VHDL、AHDL 等硬件描述语言输入方法在大规模设计中得到了广泛应用。

(2) 前仿真(功能仿真)。所设计的电路必须在布局布线前验证其功能是否有效。ASCI 设计中，这一步称为第一次 Sign-off；PLD 设计中，有时跳过这一步。

(3) 设计编译。设计输入后有一个从高层次系统行为设计向门级逻辑电路设计转化、翻译的过程，即把设计输入的某种或某几种数据格式(网表)转化为软件可识别的某种数据格式(网表)。

(4) 优化。对于综合生成的网表，根据布尔方程功能等效的原则，用更小、更快的综合结果代替一些复杂的单元，并与指定的库映射生成新的网表，这是减小电路规模的一条必由之路。

(5) 布局布线。在 PLD 设计中，第(3)~(5)步可以用 PLD 厂家提供的开发软件(如 Maxplus 2)自动一次完成。

(6) 后仿真(时序仿真)。此时需要利用在布局布线中获得的精确参数再次验证电路的时序。ASCI 设计中，这一步骤称为第二次 Sign-off。

(7) 生产。布线和后仿真完成之后，ASCI 或 PLD 芯片就可以投产了。

2.5.4　Quartus Ⅱ介绍

Quartus Ⅱ是 MAX+plus Ⅱ的升级版本，是 ALTERA 公司的第四代开发软件。Quartus Ⅱ 提供了方便的设计输入方式，编译快速，器件编程直接、易懂，它能够支持逻辑门数在百万门以上的逻辑器件的开发，并且为第三方工具提供了无缝接口。Quartus Ⅱ支持的器件有：Stratix Ⅱ、Stratix GX、Stratix、Mercury、MAX3000A、MAX7000B、MAX7000S、MAX7000AE、MAX Ⅱ、FLEX6000、FLEX10K、FLEX10KA、FLEX10KE、Cyclone、Cyclone Ⅱ、APEX Ⅱ、APEX20KC、APEX20KE 和 ACEX1K 系列。Quartus Ⅱ软件包的编程器是系统的核心，提供强大的设计处理功能，设计者可以通过添加特定的约束条件来提高芯片的利用率。

ALTERA 公司是世界上最大的 EDA 硬件芯片生产厂商之一，但其 Quartus Ⅱ的安装需要计算机具有较高的硬件配置，为了方便一些用户的需要，本书在介绍 Quartus Ⅱ 应用的同时也介绍了 MAX+plus Ⅱ 的应用，其它 EDA 工具软件的使用请参考相关的书籍。

2.6 实训：运用图形法设计 3-8 译码器

一、实训目的

(1) 学会运用 MAX+plus Ⅱ 软件的图形法输入设计数字电路。

(2) 掌握 MAX+plus Ⅱ 软件的使用步骤。

(3) 掌握 3-8 译码器的原理图输入设计。

二、实训原理

138 为 3-8 译码器，共有 54/74S138 和 54/74LS138 两种线路结构形式，其主要特性如下：当一个选通端(G1)为高电平，另两个选通端(NG2A 和 NG2B)为低电平时，可将地址端(A0、A1、A2)的二进制译码在一个对应的输出端以低电平译出。

利用 G1、NG2A 和 NG2B 级联可将 3-8 译码器扩展成 24 线译码器；若外接一个反相器，则还可级联扩展成 32 线译码器。

3-8 译码器的真值表如表 2-1 所示。

表 2-1 3-8 译码器真值表

输　入					输　出							
G1	NG2A+NG2B	A2	A1	A0	NY0	NY1	NY2	NY3	NY4	NY5	NY6	NY7
×	1	×	×	×	1	1	1	1	1	1	1	1
0	×	×	×	×	1	1	1	1	1	1	1	1
1	0	0	0	0	0	1	1	1	1	1	1	1
1	0	0	0	1	1	0	1	1	1	1	1	1
1	0	0	1	0	1	1	0	1	1	1	1	1
1	0	0	1	1	1	1	1	0	1	1	1	1
1	0	1	0	0	1	1	1	1	0	1	1	1
1	0	1	0	1	1	1	1	1	1	0	1	1
1	0	1	1	0	1	1	1	1	1	1	0	1
1	0	1	1	1	1	1	1	1	1	1	1	0

注：N 表示低电平有效；×表示任意值。

MAX+plus Ⅱ 原理图输入的基本操作包括编辑原理图、编译设计文件、生成元件符号以及功能仿真、引脚锁定、时序仿真、编程下载和硬件调试等(有时功能仿真与时序仿真也可以同时进行)，如图 2-8 所示。

用 MAX+plus Ⅱ 设计的原理图如图 2-9 所示。

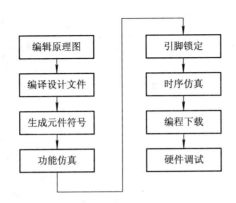

图 2-8　原理图输入设计的基本操作

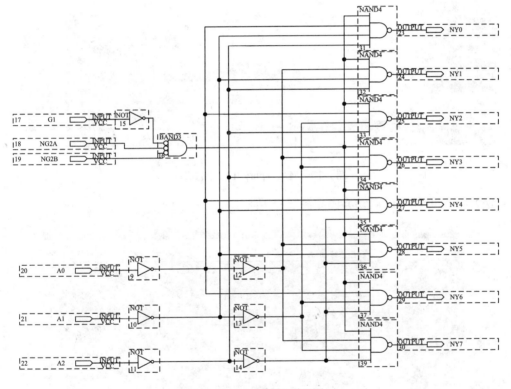

图 2-9　3-8 译码器原理图

其中 G1、NG2A、NG2B 表示控制输入信号，A0、A1、A2 表示地址输入信号，NY0、NY1、NY2、NY3、NY4、NY5、NY6、NY7 表示二进制译码输出信号(在信号名称前面加上一个"N"表示低电平有效)。

三、实训步骤

1．设计输入

(1) 启动 MAX+plus Ⅱ 软件。单击"开始"选项，进入"程序"菜单，选中"MAX+plus Ⅱ 9.23　Baseline"，打开 MAX+plus Ⅱ 软件，如图 2-10 所示。

图 2-10　MAX+plus II 软件的启动

MAX+plus II 软件的启动界面如图 2-11 所示。

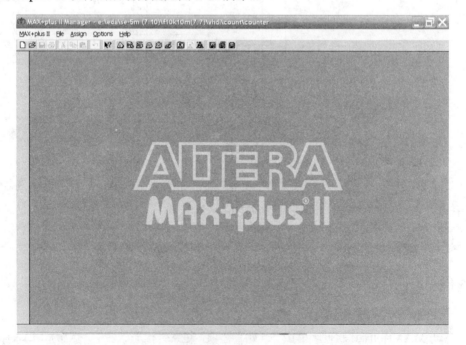

图 2-11　MAX+plus II 启动界面

(2) 启动 File\New 菜单，弹出设计输入选择窗口，如图 2-12 所示。

图 2-12　设计输入选择窗口

选择 Graphic Editor file，打开图形编辑窗口，如图 2-13 所示。

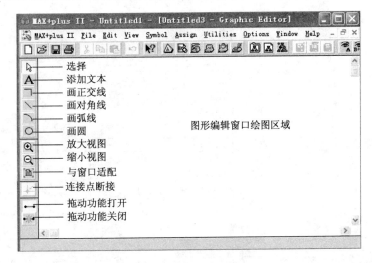

图 2-13　图形编辑窗口

右击鼠标，打开如图 2-14 所示的快捷菜单，单击 Enter symbol，打开图 2-15 所示的元件选择对话框。

图 2-14　输入符号快捷菜单　　　　　　图 2-15　元件选择对话框

在元件选择对话框中，"Symbol Name"用于输入所需要的元件名。在"Symbol Libraries"栏里列出了各个元件库。其中，"d:\first"是设计者自己定义的元件库，即为工程设计建立的文件夹，设计者可以将自己设计的电路元件存放在该文件夹中；"d:\maxplus2\max2lib\prim"是 MAX+plus Ⅱ的基本元件库，包括门电路、触发器、电源、输入和输出等基本元件；"d:\maxplus2\max2lib\mf"是老式宏函数(old-style Macrofunctions)元件库，包括加法器、编码器、译码器、计数器和移位寄存器等 74 系列器件；"d:\maxplus2\max2lib\mega_lpm"是参数可设置函数(Megafunctions)元件库，包括参数可设置的与门 lpm_and 和参数可预置的三态缓冲器 lpm_bustri 等。这些库函数的详细信息可以通过 MAX+plus Ⅱ的帮助信息获得。单击相应的库，找出对应的电路符号，所设计的 3-8 译码器原理图如图 2-16 所示。

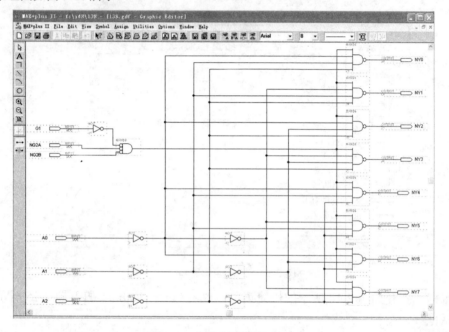

图 2-16　原理图设计完成界面

(3) 保存文件。选择 File 菜单中的 Save 选项，打开如图 2-17 所示的保存界面，文件保存的格式类型必须为 .gdf 文件，将其保存到相应的文件目录中。

(4) 定义一个项目名，单击 File\Project\ Set project to Current File，设置此项目为当前项目文件，如图 2-18 所示(注意此操作在打开几个原有项目文件时尤为重要，否则编译时容易出错)，定义保存检查 Save & Check 项和保存编译项 Save & Compile。

(5) 生成元件符号。执行 File\Create Default Symbol 命令，将通过编译的 GDF 文件生成一个元件符号，并保存在工程目录中。3-8 译码器的元件符号如图 2-19 所示，这个元件符号可以被其他图形设计文

图 2-17　保存界面

件调用，实现多层次的系统电路设计。

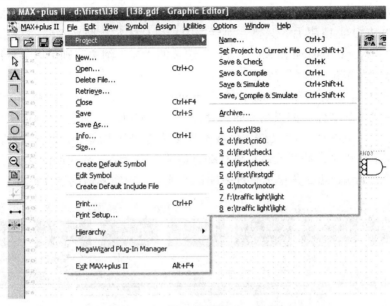

图 2-18　定义项目、检查与编译

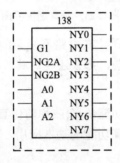

图 2-19　3-8 译码器的元件符号

2．电路的编译与适配

(1) 选择芯片型号。选择当前项目文件欲设计实现的实际芯片进行编译适配，单击 Assign\Device 菜单选择芯片，如图 2-20 所示。

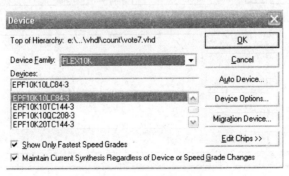

图 2-20　选择芯片

如果此时不选择适配芯片的话，软件将自动把所有适合本电路的芯片一一进行编译适配，这将耗费许多时间。本实训选用 FPGA 芯片，也可用 CPLD 芯片。如用 MAX7000S 系列的 EPM7128SLC84-15 芯片，只需在对话框中指出具体芯片型号即可。注意，如果将芯片列表下方"Show Only Fastest Speed Grades"选项的"√"消去，则可以显示出所有速度的器件。完成选择后单击"OK"按钮。

(2) 编译适配。启动 MAX+plus II 的 Compiler 菜单，按"Start"按钮开始编译，并显示编译结果，生成下载文件。如果编译时选择的芯片是 CPLD，则生成*.pof 文件；如果选择的是 FPGA 芯片，则生成*.sof 文件。生成下载文件的同时生成*.rpt 报告文件，可详细查看编译结果。如果有错误，待修改后再进行编译适配。编译适配界面如图 2-21 所示，注意此时在主菜单栏的 Processing 菜单下有许多编译选项，可视实际情况选择设置。

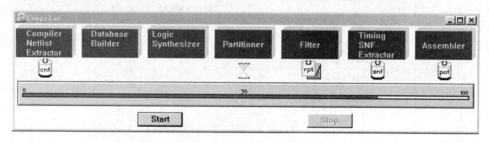

图 2-21 编译适配界面

如果设计的电路顺利通过了编译，在电路不复杂的情况下，就可以对芯片进行编程下载并测试硬件了。如果电路比较复杂，那么还要对其进行仿真。

3．电路仿真与时序分析

MAX+plus II 软件支持电路的功能仿真(或称前仿真)和时序分析(或称后仿真)。

下面介绍 MAX+plus II 软件仿真功能的基本应用，在以后的实训中将不再说明。

1) 添加仿真激励波形

(1) 启动 MAX+plus II\Wavefrom Editor 菜单，进入波形编辑窗口，如图 2-22 所示。

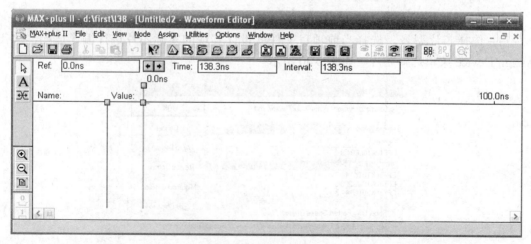

图 2-22 波形编辑窗口

(2) 将鼠标移至空白处并单击右键，出现如图 2-23 所示的快捷菜单。

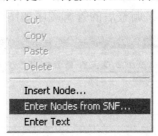

图 2-23　输入节点信号快捷菜单

(3) 选择"Enter Nodes from SNF"选项，并按左键确认，出现图 2-24 所示的对话框，单击" List "和" =〉 "按钮，选择欲仿真的 I/O 管脚。

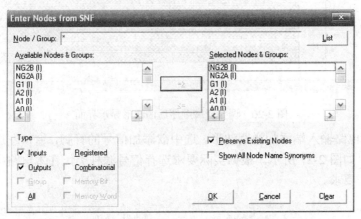

图 2-24　确定输入节点信号对话框

(4) 单击"OK"按钮，列出仿真电路的输入、输出管脚图，如图 2-25 左边所示。图中，3-8 译码器的输出为网格，表示仿真前输出是未知的。

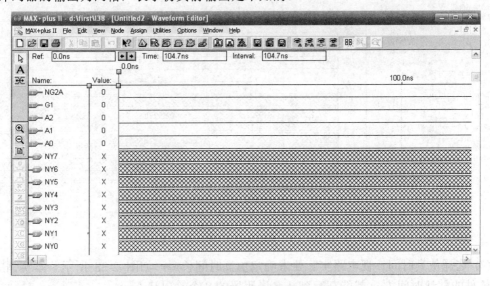

图 2-25　波形显示界面

(5) 调整管脚顺序，使其符合常规习惯，调整时只需选中某一管脚(如 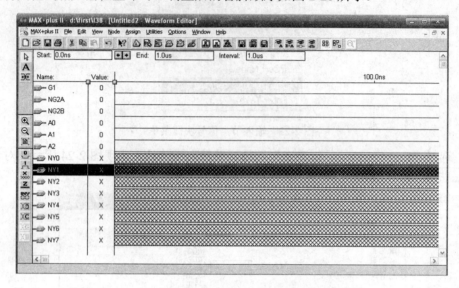—A)并按住鼠标左键将其拖到相应的位置即可。调整后的管脚顺序如图 2-26 所示。

图 2-26　调整管脚顺序后的波形显示界面

(6) 准备为电路输入端添加激励波形。选中欲添加信号的管脚，窗口左边的信号源即变为可操作状态，如图 2-27 所示。根据实际要求选择信号源种类，在本电路中选择时钟信号就可以满足仿真要求。

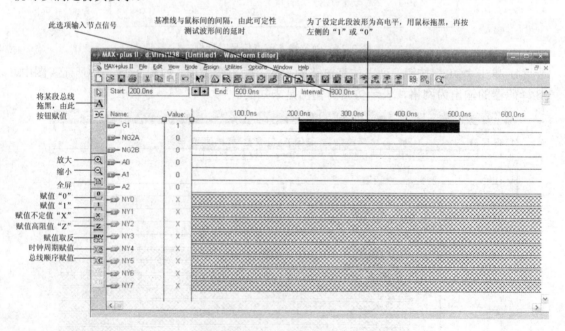

图 2-27　为节点添加信号窗口

(7) 选择仿真时间。视电路实际要求确定仿真时间长短，如图 2-28 所示。本实训中，选择软件的默认时间 1 μs 就能观察到 3-8 译码器的 8 个输出状态。

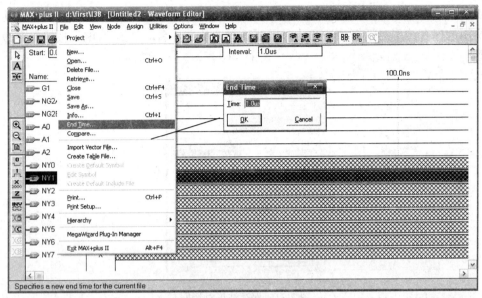

图 2-28　确定仿真时间对话框

（8）为 A0、A1、A2 三输入端添加信号。先选中 A 输入端"　▷─A"，然后再单击窗口左侧的时钟信号源图标"　▓"添加激励波形，也可用鼠标拖黑所需改变的信号时间段，再按左侧的"1"或"0"。

（9）选择初始电平为"0"，时钟周期倍数为"1"（时钟周期倍数只能为 1 的整数倍），如图 2-29 所示，并按"OK"按钮确认。经上述操作，我们已为 A0 输入端添加完激励信号，再依次将 A1、A2 两路信号的频率分别设为 A0 频率的 2 倍和 4 倍关系，其译码输出顺序就符合我们的观察习惯。G1 赋值为

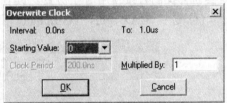

图 2-29　添加时钟窗口

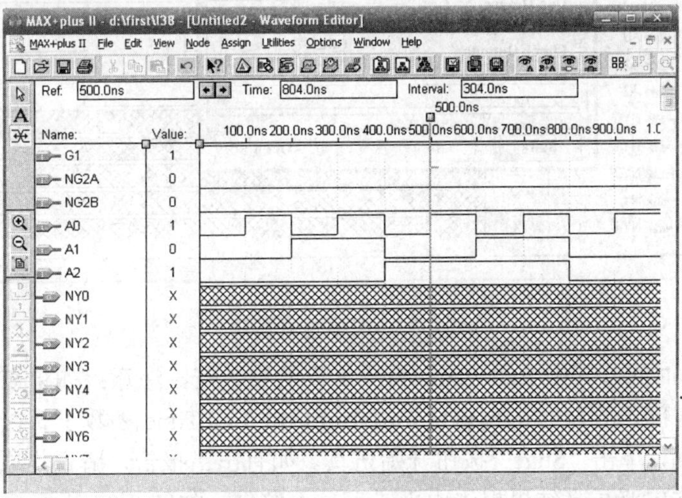

高电平"1"，NG2A、NG2B 都赋值为低电平"0"，单击左边全屏显示图标"　▣"，或单击"View/Fit in window"命令，六路激励信号的编辑结果如图 2-30 所示。

图 2-30　添加完输入信号后的界面

(10) 保存激励信号编辑结果。选择 File\Save 或关闭当前波形编辑窗口时均会出现如图 2-31 所示的保存波形对话框，注意此时不要随意改动文件名，单击"OK"按钮保存激励信号波形。

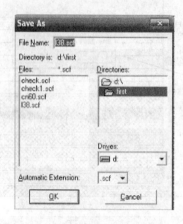

图 2-31 保存波形对话框

2) 电路仿真

电路仿真有前仿真(功能仿真)和后仿真(时序仿真)两种，时序仿真覆盖了功能仿真，在本实训中我们直接使用时序仿真。读者可以自行使用功能仿真，对比其区别。

(1) 选择 MAX+plus Ⅱ\Simulator 菜单，弹出如图 2-32 所示的窗口。

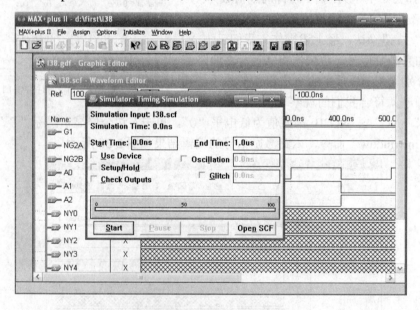

图 2-32 时序仿真窗口

(2) 确定仿真时间，其中 End Time 为"1"的整数倍。注意：如果在添加激励信号完成后设置了结束时间，则此时仿真窗口中就不能修改 End Time 参数了。在本实训中，我们使用的是默认时间，单击"Start"按钮开始仿真。如有出错报告，请查找原因，一般是激励信号添加有误。本电路仿真结果报告中无错误、无警告，如图 2-33 所示。

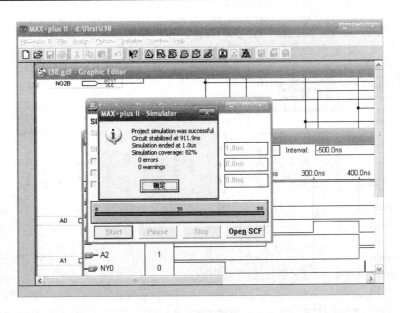

图 2-33　仿真结果报告

（3）观察电路仿真结果，单击"确定"按钮后，再单击激励输出波形文件"Open SCF"图标，仿真结果如图 2-34 所示。由图可见，我们所设计的 3-8 译码器顺利地通过了仿真，设计完全正确。单击"🔍"将图放大，仔细观察一下电路的时序。在空白处单击鼠标右键，出现测量标尺，将标尺拖至欲测量的地方，查看延时情况。在图 2-34 中，激励输出有 10.1 ns 的延迟时间，还能看到由时延不同而形成的毛刺信号。

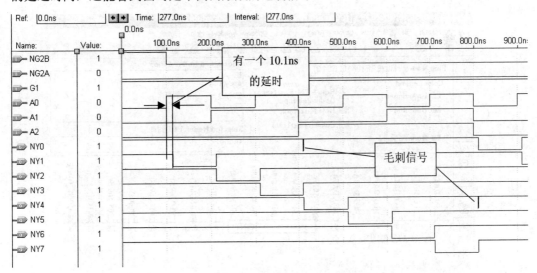

图 2-34　仿真结果信号波形

4．管脚的重新分配与定位

启动 MAX+plus Ⅱ\Floorplan Editor 菜单命令(或按"🖻"快捷图标)，出现图 2-35 所示的管脚分配对话框。如没出现该对话框，可单击 Layout\Device View\Current Assignments Floorplan 命令。

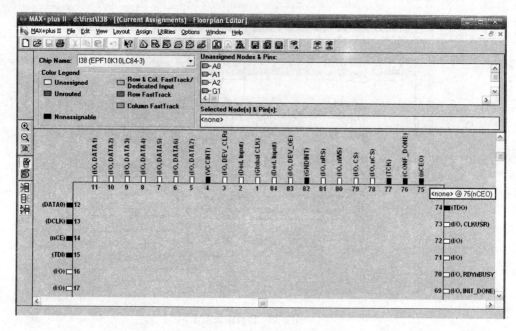

图 2-35　管脚分配对话框

管脚分配对话框中展示的是该设计项目的管脚分配图，其管脚是由软件自动分配的，用户也可以改变管脚分配方案，以方便与外设电路进行匹配。管脚编辑过程如下：

(1) 按下窗口左边的手动分配图标"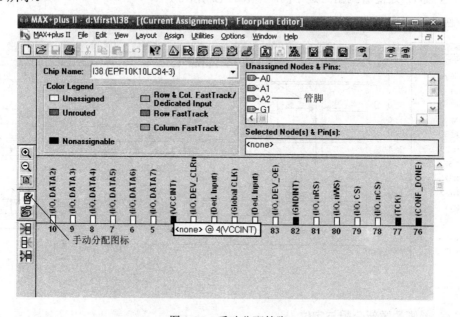"，所有管脚将会出现在右上部分的窗口中，如图 2-36 所示。

图 2-36　手动分配管脚

(2) 用鼠标按住某输入/输出端口，并拖到下面芯片的某一管脚上，松开鼠标左键，便可完成一个管脚的重新分配。注意：芯片上有一些特定的管脚不能被占用，进行管脚编辑时一定要注意。另外，在芯片器件选择时，如果选的是"Auto"，则不允许对管脚进行再分配。对管脚进行二次调整后，一定要再编译一次，否则程序下载后其管脚仍是自动分配的状态。

5．器件下载编程与硬件实现

1）实训电路板上的连线

用三位拨码开关代表译码器的输入端 A0、A1、A2，将之分别与 EPF10K10LC84-3 芯片的相应管脚相连。用 LED 灯表示译码器的输出，将 NY0～NY7 对应的管脚分别与 8 只 LED 灯相连，按键按下为高电平，输出高电平则 LED 灯亮。结果见表 2-2。

表 2-2　译 码 结 果

输　入						输　出							
G1	NG2A	NG2B	A2	A1	A0	NY0	NY1	NY2	NY3	NY4	NY5	NY6	NY7
按键1	按键2	按键3	按键4	按键5	按键6	LED1	LED2	LED3	LED4	LED5	LED6	LED7	LED8
×	1	×	×	×	×	亮	亮	亮	亮	亮	亮	亮	亮
0	×	×	×	×	×	亮	亮	亮	亮	亮	亮	亮	亮
1	×	1	×	×	×	亮	亮	亮	亮	亮	亮	亮	亮
1	0	0	0	0	0	灭	亮	亮	亮	亮	亮	亮	亮
1	0	0	0	0	1	亮	灭	亮	亮	亮	亮	亮	亮
1	0	0	0	1	0	亮	亮	灭	亮	亮	亮	亮	亮
1	0	0	0	1	1	亮	亮	亮	灭	亮	亮	亮	亮
1	0	0	1	0	0	亮	亮	亮	亮	灭	亮	亮	亮
1	0	0	1	0	1	亮	亮	亮	亮	亮	灭	亮	亮
1	0	0	1	1	0	亮	亮	亮	亮	亮	亮	灭	亮
1	0	0	1	1	1	亮	亮	亮	亮	亮	亮	亮	灭

2）器件编程下载

(1) 启动 MAX+plus Ⅱ\Programmer 菜单，如果是第一次进行编程，将出现如图 2-37 所示的硬件设置对话框，选择"ByteBlaster(MV)"并按"OK"按钮确认即可。

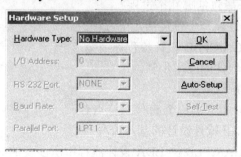

图 2-37　硬件设置对话框

设置完硬件以后，打开实验箱的电源，按一下"Configure"按钮。程序配置完毕即可进行硬件测试。对于不同的输入信号，输出信号会出现相应的变化。

(2) 结合电路功能，观察设计结果。

四、硬件实现

本实训的硬件结构示意图如图 2-38 所示。

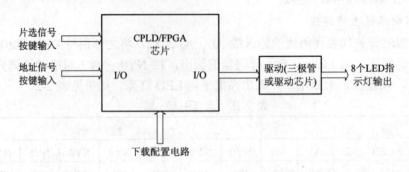

图 2-38　硬件结构示意图

五、实训报告

(1) 说明实训项目的工作原理，所需要的器材。

(2) 写出设计原理图并进行解释。

(3) 写出软件仿真结果并进行分析。

(4) 说明硬件原理与测试情况。

(5) 写出心得体会。

习　　题

2.1　简述传统设计方法的设计过程。

2.2　简述现代设计方法的设计过程，并阐述各个阶段的特点。

2.3　简述在系统编程技术的特点。

2.4　EDA 技术设计一般包括哪几个过程？

2.5　什么叫"综合"？综合一般包括几个过程？

2.6　叙述 EDA 的 FPGA/CPLD 设计流程。

2.7　请说明 ISE 工具软件的应用步骤。

2.8　简述 ISE 软件的特点。

2.9　MAX+plus Ⅱ 的功能是什么？有什么特点？

2.10　简述 MAX+plus Ⅱ 软件设计的基本流程。

2.11　简述在基于 FPGA/CPLD 的 EDA 设计流程中所涉及的 EDA 工具，及其在整个流程中的作用。

2.12　在 EDA 设计中，设计输入一般有哪几种方式？简述其特点。

2.13　什么叫时序仿真？什么叫功能仿真？它们有什么区别？

2.14　说明用原理图输入方法设计电路的详细流程。

2.15　用 74L139 组成的一个 5-24 线译码器。

2.16　用 74L383 加法器和逻辑门设计实现 1 位 8421BCD 码加法器电路,输入输出均为 BCD 码,CI 为低位的进位信号,CO 为高位的进位信号,输入为两个 1 位十进制数 A,输出用 S 表示。

2.17　用 D 触发器设计 3 位二进制加法计数器。

2.18　用 74L194、74L273、D 触发器等组成 8 位串入并出转换电路。要求在转换过程中数据不变,只有当 8 位一组数据全部转换结束后,输出才变化一次。

2.19　用一片 74L163 和两片 74L138 构成一个具有 12 路脉冲输出的数据分配器。要求在原理图上标明第 1 路到第 12 路输出的位置。

2.20　用同步时序电路对串行二进制输入进行奇偶校验,每检测 5 位输入,输出一个结果:当输入 5 位数中 1 的数目为奇数时,结果输出 1。

2.21　使用原理图输入法进行数字电路设计的优点有哪些?

2.22　用原理图输入法设计一个 4 位全加器。

2.23　用原理图输入法设计一个 2 位十进制频率计。

2.24　用原理图输入法设计一个"101100"序列产生器。

第3章　EDA 硬件结构

通常运用 EDA 技术设计电路系统的主要硬件基础为 FPGA/CPLD 器件，一般称为可编程逻辑器件。本章将介绍可编程逻辑器件的基本原理、发展状况及相关的配置技术。

3.1　可编程逻辑器件简介

3.1.1　可编程逻辑器件的发展历程

数字集成电路已由早期的电子管、晶体管、小中规模集成电路发展到超大规模集成电路(VLSIC，几万门以上)以及许多具有特定功能的专用集成电路。随着微电子技术的发展，设计与制造集成电路的任务已不完全由半导体厂商来独立承担，系统设计师们更愿意自己设计专用集成电路(ASIC)芯片，而且希望 ASIC 的设计周期尽可能短，最好是在实验室里就能设计出合适的 ASIC 芯片，并且立即投入实际应用之中，在此需求推动下出现了现场可编程逻辑器件(FPLD)，其中应用最广泛的当属现场可编程门阵列(FPGA)和复杂可编程逻辑器件(CPLD)。

早期的可编程逻辑器件只有可编程只读存储器(PROM)、紫外线可擦除只读存储器(EPROM)和电可擦除只读存储器(EEPROM)三种。由于结构的限制，它们只能完成简单的数字逻辑功能。

其后，出现了一类结构上稍复杂的可编程芯片，即简单的可编程逻辑器件(PLD)，它能够完成多种数字逻辑功能。典型的 PLD 由一个"与"门和一个"或"门阵列组成，而任意一个组合逻辑都可以用"与-或"表达式来描述，因此，PLD 能以乘积和的形式完成大量的组合逻辑功能，其结构如图 3-1 所示。这一阶段的产品主要有 PAL(可编程阵列逻辑)和 GAL(通用阵列逻辑)。 PAL 由一个可编程的"与"平面和一个固定的"或"平面构成，"或"门的输出可以通过触发器有选择地被置为寄存状态。PAL 器件是现场可编程的，它的实现工艺有反熔丝技术、EPROM 技术和EEPROM 技术。还有一类结构更为灵活的逻辑器件是可编程逻辑阵列(PLA)，它也由一个"与"平面和一

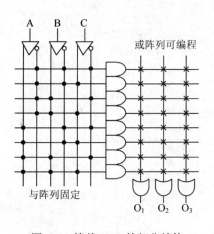

图 3-1　简单 PLD 的部分结构

个"或"平面构成，但是这两个平面的连接关系是可编程的。PLA 器件既有现场可编程的，也有掩膜可编程的。在 PAL 的基础上产生了 GAL(Generic Array Logic)，如 GAL16V8、GAL22V10 等。它采用了 EEPROM 工艺，实现了电可擦除、电可改写，其输出结构是可编程的逻辑宏单元，因而它的设计具有很强的灵活性，至今仍有许多人使用。这些早期的 PLD 器件有一个共同的特点，即可以实现速度特性较好的逻辑功能，但其过于简单的结构也使其只能实现规模较小的电路。

为了弥补这一缺陷，20 世纪 80 年代中期，ALTERA 和 Xilinx 分别推出了类似于 PAL 结构的扩展型 CPLD 和与标准门阵列类似的 FPGA，它们都具有体系结构和逻辑单元灵活、集成度高以及适用范围宽等特点。这两种器件兼容了 PLD 和通用门阵列的优点，可实现较大规模的电路，编程也很灵活。这两种器件与门阵列等其他 ASIC 相比，具有设计开发周期短、设计制造成本低、开发工具先进、标准产品无需测试、质量稳定以及可实时在线检验等优点，因此被广泛应用于产品的原型设计和产品生产(一般在 10 000 件以下)中。几乎所有应用门阵列、PLD 和中小规模通用数字集成电路的场合均可应用 FPGA 和 CPLD 器件。

Xilinx 把基于查找表技术、SRAM 工艺、要外挂配置用的 EEPROM 的 PLD 叫做 FPGA；把基于乘积项技术、Flash(类似 EEPROM)工艺的 PLD 叫做 CPLD。ALTERA 把自己的 PLD 产品(MAX 系列，采用乘积项技术、EEPROM 工艺；FLEX 系列，采用查找表技术、SRAM 工艺)都叫做 CPLD，即复杂 PLD(Complex PLD)。由于 FLEX 系列也采用 SRAM 工艺、基于查找表技术，要外挂配置用的 EPROM，用法和 Xilinx 的 FPGA 一样，因此很多人把 ALTERA 的 FELX 系列产品也叫做 FPGA。在本书中把基于乘积项技术的可编程器件称为 CPLD，而把基于查找表原理的可编程器件称为 FPGA。

3.1.2　可编程逻辑器件概述

FPGA 与 CPLD 都是可编程逻辑器件，它们是在 PAL、GAL 等逻辑器件的基础之上发展起来的。同以往的 PAL、GAL 等相比较，FPGA/CPLD 的规模比较大，它可以替代几十甚至几千块通用 IC 芯片。这样的 FPGA/CPLD 实际上就是一个子系统部件。这种芯片受到世界范围内电子工程设计人员的广泛关注和普遍欢迎。经过了十几年的发展，许多公司都开发出了多种可编程逻辑器件。比较典型的就是 Xilinx 公司的 FPGA 器件系列和 ALTERA 公司的 CPLD 器件系列，它们占据了较大的 PLD 市场。通常来说，在欧洲用 Xilinx 产品的人多，在日本和亚太地区用 ALTERA 产品的人多，在美国则是平分秋色。全球 CPLD/FPGA 产品 60%以上是由 ALTERA 和 Xilinx 提供的。可以讲 ALTERA 和 Xilinx 共同决定了 PLD 技术的发展方向。当然还有许多其他类型的器件，如 Lattice、Vantis、Actel、Quicklogic、Lucent 等公司的产品。

对用户而言，CPLD 与 FPGA 的内部结构稍有不同，但用法一样，所以多数情况下不加以区分。FPGA/CPLD 芯片都是特殊的 ASIC 芯片，它们除了具有 ASIC 的特点之外，还具有以下优点：

(1) 随着 VLSI(Very Large Scale IC，超大规模集成电路)工艺的不断提高，单一芯片内部可以容纳上百万个晶体管，FPGA/CPLD 芯片的规模也越来越大，其单片逻辑门数已达到上百万门，它所能实现的功能也越来越强，同时也可以实现系统集成。

(2) FPGA/CPLD 芯片在出厂之前都做过百分之百的测试，不需要设计人员承担投片风险和费用，设计人员只需在自己的实验室里就可以通过相关的软硬件环境来完成芯片的最终功能设计。因此，FPGA/CPLD 的资金投入小，节省了许多潜在的花费。

(3) 用户可以反复编程、擦除、使用，或者在外围电路不动的情况下用不同软件实现不同的功能。因此，用 FPGA/CPLD 试制样片，能以最快的速度占领市场。FPGA/CPLD 软件包中有各种输入工具、仿真工具、版图设计工具和编程器等全线产品，电路设计人员在很短的时间内就可完成电路的输入、编译、优化、仿真，直至最后芯片的制作。当电路有少量改动时，更能显示出 FPGA/CPLD 的优势。电路设计人员使用 FPGA/CPLD 进行电路设计时，不需要具备专门的 IC 深层次的知识，FPGA/CPLD 软件易学易用，可以使设计人员集中精力进行电路设计，快速将产品推向市场。

3.1.3 可编程逻辑器件原理

可编程逻辑器件可以分为 FPGA 和 CPLD 两大类，其组成原理不尽相同。

1. 基于乘积项(Product-Term)的 PLD 结构

采用这种结构的 PLD 芯片有：ALTERA 的 MAX7000、MAX3000 系列(EEPROM 工艺)，Xilinx 的 XC9500 系列(Flash 工艺)和 Lattice、Cypress 的大部分产品(EEPROM 工艺)。这种 PLD 的内部结构(以 MAX7000 为例，其他型号的结构与此相似)如图 3-2 所示。

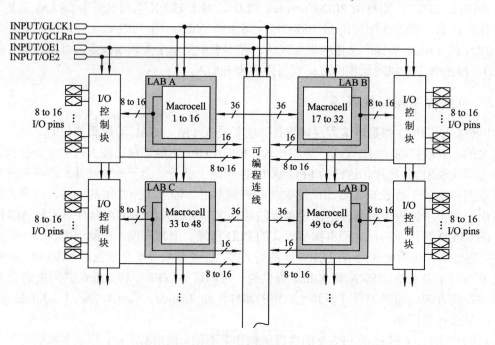

图 3-2 基于乘积项的 PLD 内部结构

基于乘积项的 PLD 可分为三部分：宏单元(Macrocell)，可编程连线(PIA)和 I/O 控制块。宏单元是 PLD 的基本结构，由它来实现基本的逻辑功能。图 3-2 中 LAB A、LAB B、LAB C、LAB D 是多个宏单元的集合(因为宏单元较多，没有一一画出)。可编程连线负责信号传递，连接所有的宏单元。I/O 控制块负责输入/输出的电气特性控制，比如可以设定集电极开路输出、三态输出等。图 3-2 左上的 INPUT/GCLK1、INPUT/GCLRn、INPUT/OE1 和 INPUT/OE2
是全局时钟、清零和输出使能信号，这几个信号有专用连线与 PLD 中的每个宏单元相连，
信号到每个宏单元的延时相同且延时最短。宏单元的具体结构见图 3-3。

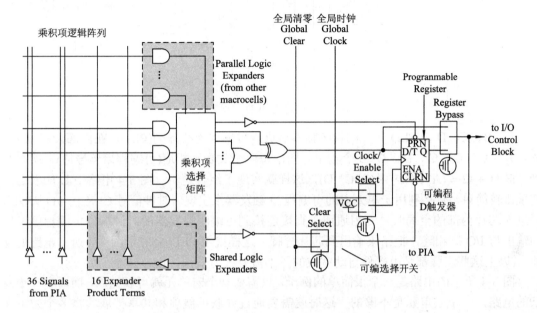

图 3-3　宏单元结构

图 3-3 中，左侧是乘积项逻辑阵列，实际就是一个"与-或"阵列，每一个交叉点都是
一个可编程熔丝，如果导通就实现"与"逻辑。后面的乘积项选择矩阵是一个"或"阵列。
两者一起完成组合逻辑。图右侧是一个可编程 D 触发器，它的时钟、清零输入都可以编程
选择，可以使用专用的全局清零和全局时钟，也可以使用内部逻辑(乘积项阵列)产生的时钟
和清零。如果不需要触发器，也可以将此触发器旁路，信号直接输给 PIA 或输出到 I/O 脚。

2．乘积项结构 PLD 的逻辑实现原理

下面以一个简单的电路为例，具体说明 PLD 是如何利用以上结构实现逻辑功能的，电
路如图 3-4 所示。

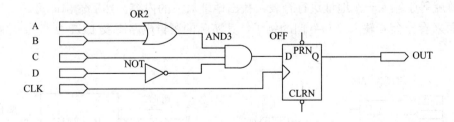

图 3-4　简单的电路

假设组合逻辑的输出(AND3 的输出)为 f，则 f=(A+B)*C*(!D)=A*C*!D + B*C*!D （ 以!D
表示 D 的"非"），PLD 将以图 3-5 来实现组合逻辑 f。

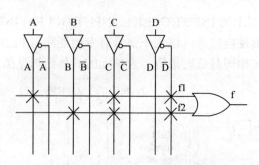

图 3-5　电路的 PLD 实现方式

A、B、C、D 由 PLD 芯片的管脚输入后进入可编程连线阵列(PIA)，在内部会产生 A、$\overline{A}$、B、$\overline{B}$、C、$\overline{C}$、D、$\overline{D}$ 8 个输出。图中每一个叉表示相连(可编程熔丝导通)，所以得到：f= f1 + f2 = (A*C*!D) + (B*C*!D)，这样就实现了组合逻辑。图 3-4 电路中 D 触发器的实现比较简单，直接利用宏单元中的可编程 D 触发器来实现。时钟信号 CLK 由 I/O 脚输入后进入芯片内部的全局时钟专用通道，直接连接到可编程触发器的时钟端。可编程触发器的输出与 I/O 脚相连，把结果输出到芯片管脚。这样就用 PLD 完成了图 3-4 所示电路的功能。(以上这些步骤都是由软件自动完成的，不需要人为干预。)

图 3-4 所示的电路是一个很简单的例子，只需要一个宏单元就可以完成，而对于一个复杂的电路，一个宏单元是不够的，这时就需要通过并联扩展项和共享扩展项将多个宏单元相连，宏单元的输出也可以连接到可编程连线阵列，再作为另一个宏单元的输入。这样，就可以用 PLD 实现更复杂的逻辑功能。

这种基于乘积项的 PLD 基本上都是由 EEPROM 和 Flash 工艺制造的，其内部含有存储单元，芯片一上电就可以工作，无需其他芯片配合。

3. 基于查找表(Look-Up-Table)的原理与结构

基于查找表的 PLD 芯片也称为 FPGA，如 ALTERA 的 ACEX、APEX 系列，Xilinx 的 Spartan、Virtex 系列等。查找表(Look-Up-Table)简称为 LUT，其本质就是一个 RAM。目前 FPGA 中多使用 4 输入的 LUT，所以每一个 LUT 可以看成一个有 4 位地址线的 16×1 的 RAM。在用户通过原理图或 HDL 语言描述了一个逻辑电路以后，CPLD/FPGA 开发软件会自动计算逻辑电路所有可能的结果，并把结果事先写入 RAM，这样，每输入一个信号进行逻辑运算就等于输入一个地址进行查表，找出地址对应的内容，然后输出即可。

下面来看一个 4 输入"与"门的例子，其实际的逻辑电路图及 LUT 实现方式如图 3-6 所示。

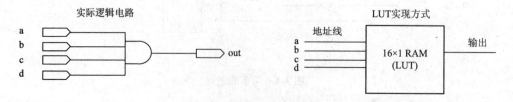

图 3-6　4 输入"与"门实际逻辑电路图及 LUT 实现方式

4．基于查找表(LUT)的 FPGA 的结构

Xilinx 的 Spartan II 其内部结构如图 3-7 和图 3-8 所示。

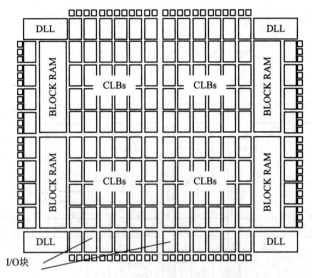

图 3-7　Xilinx Spartan II 芯片内部结构

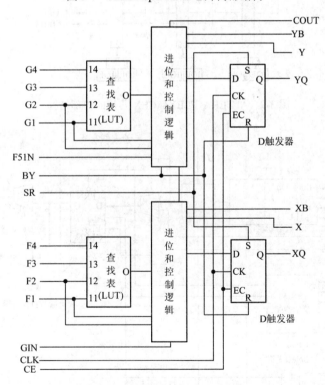

图 3-8　Slices 结构

Spartan II 主要包括 CLBs、I/O 块、RAM 块和可编程连线(未表示出)。在 Spartan II 中，一个 CLB 包括两个 Slices，每个 Slices 包括两个 LUT、两个触发器和相关逻辑。Slices 可以看成是 Spartan II 实现逻辑功能的最基本结构(Xilinx 其他系列，如 Spartan VI、Virtex 的结

构与此稍有不同,具体请参阅相关数据手册)。

ALTERA 的 FLEX/ACEX 等芯片的结构如图 3-9 所示,逻辑单元(LE)内部结构如图 3-10 所示。

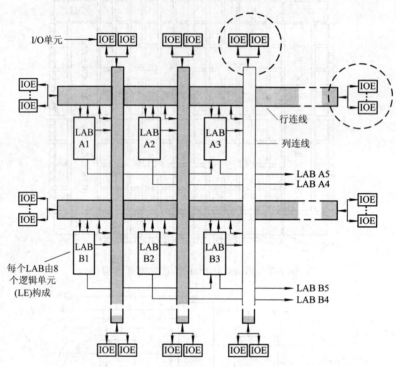

图 3-9 ALTERA FLEX/ACEX 芯片的内部结构

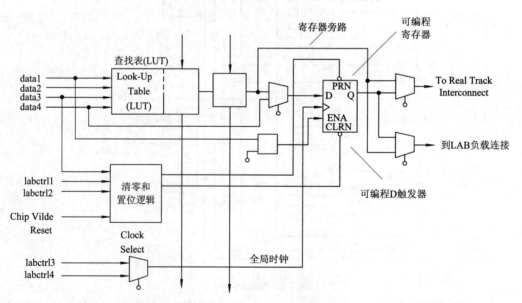

图 3-10 逻辑单元(LE)内部结构

FLEX/ACEX 的结构主要包括 LAB、I/O 块、RAM 块(未表示出)和可编程行/列连线。

在 FLEX/ACEX 中，一个 LAB 包括 8 个逻辑单元(LE)，每个 LE 包括一个 LUT、一个触发器和相关的逻辑。LE 是 FLEX/ACEX 芯片实现逻辑的最基本结构(ALTERA 其他系列，如 APEX 的结构与此基本相同，具体请参阅相关数据手册)。

5. 查找表结构的 FPGA 逻辑实现原理

仍以图 3-4 所示的电路为例，A、B、C、D 由 FPGA 芯片的管脚输入后进入可编程连线，然后作为地址线连接到 LUT，LUT 中已经事先写入了所有可能的逻辑结果，通过地址查找到相应的数据然后输出，这样组合逻辑就实现了。该电路中 D 触发器是直接利用 LUT 后面的 D 触发器来实现的。时钟信号 CLK 由 I/O 脚输入后进入芯片内部的时钟专用通道，直接连接到触发器的时钟端。触发器的输出与 I/O 脚相连，把结果输出到芯片管脚。这样就用 PLD 完成了图 3-4 所示电路的功能。(以上这些步骤都是由软件自动完成的，不需要人为干预。)

通过进位逻辑将多个 LUT 单元相连，FPGA 可以实现复杂的逻辑功能。

目前大部分 FPGA 都是基于 SRAM 工艺的，而由 SRAM 工艺制造的芯片在掉电后信息会丢失，需要外加一片专用配置芯片，上电时由这个专用配置芯片把数据加载到 FPGA 中，然后 FPGA 就可以正常工作了，此配置时间很短，不会影响系统正常工作。也有少数 FPGA 采用反熔丝或 Flash 工艺，这种 FPGA 不需要外加专用配置芯片。

6. 其他类型的 FPGA 和 PLD

随着技术的发展，在 2004 年以后，一些厂家推出了新的 PLD 和 FPGA，这些产品模糊了 PLD 和 FPGA 的区别。例如 ALTERA 最新的 MAX II 系列 PLD，这是一种基于 FPGA(LUT) 结构、集成配置芯片的 PLD，在本质上它就是一种在内部集成了配置芯片的 FPGA，但由于配置时间极短，上电就可以工作，所以对用户来说，感觉不到配置过程，可以像传统的 PLD 一样使用，加上容量和传统 PLD 类似，所以 ALTERA 把它归为 PLD。还有像 Lattice 的 XP 系列 FPGA，也使用了同样的原理，将外部配置芯片集成到内部，在使用方法上和 PLD 类似，但是因为容量大，性能和传统 FPGA 相同，也采用 LUT 架构，所以 Lattice 把它归为 FPGA。

根据 PLD 的结构和原理可以知道，PLD 分解组合逻辑的功能很强，一个宏单元就可以分解出十几个甚至 20～30 个组合逻辑输入。FPGA 的一个 LUT 只能处理 4 输入的组合逻辑，因此，PLD 适合于设计译码等复杂组合逻辑。FPGA 芯片中包含的 LUT 和触发器的数量非常多，往往都是成千上万，而 PLD 一般只能做到 512 个逻辑单元，而且如果用芯片价格除以逻辑单元数量，FPGA 的平均逻辑单元成本大大低于 PLD。因此，如果设计中大量使用到触发器，例如设计一个复杂的时序逻辑，那么使用 FPGA 就是一个很好的选择。PLD 拥有上电即可工作的特性，而大部分 FPGA 需要一个加载过程，因此，如果系统需要可编程逻辑器件上电就能工作，那么应该选择 PLD。

3.2 几种典型的 PLD 器件介绍

这一节主要介绍目前常用的 ALTERA 的可编程芯片。ALTERA 公司的芯片采用铜铝布线的先进 CMOS 技术，具有非常低的功耗和相当高的速度，而且采用连续式互连结构，提供快速、连续的信号延时。ALTERA 器件的密度从 300 门/片到 400 万门/片，能很容易地集成现有的各种逻辑器件。高集成度的 FPGA 提供更高的系统性能、更高的可靠性以及更高的性能价格比。

3.2.1 ALTERA 公司 MAX 7000 系列

1. 特点

ALTERA 公司生产的 MAX 7000 系列芯片具有以下特点：

(1) 该系列是以第二代多阵列结构为基础的高性能 CMOS 器件。

(2) 高密度 MAX 7128E 提供 5000 个门，其中可用门数为 2500；有 128 个宏单元，最大 I/O 引脚数 104。

(3) 引脚到引脚的时延为 6 ns，计数器工作频率为 151 MHz。

(4) 可配置扩展乘积项，允许向每个宏单元提供 52 个乘积项。

(5) 有 44～208 个引脚的各种封装形式，采用引线塑料载体(PLCC)、针栅阵列(PGA)扁平封装(QFP)。

(6) 电源电压为 3.3～5 V。

(7) 可编程保密位。

(8) ALTERA MAX+plus II 软件提供开发支持。

该系列型号有：EPM7032，EPM7032V，EPM7064，EPM7096，EPM7128E，EPM7160，EPM7192，EPM7256 等。

2. 结构

MAX 7000 的结构见图 3-11，其中 I/O 为输入/输出模块，LAB 为逻辑阵列模块，这些模块由可编程连线阵列相互连接。

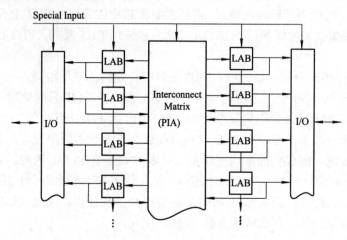

图 3-11 MAX 7000 结构

MAX 7000 包含 4 个专用输入信号，它们能用作专用输入或每一个宏单元和 I/O 引脚的全局控制信号，如时钟、清除和输出使能。MAX 7000 每个 LAB 由 16 个宏单元组成，多个 LAB 通过可编程连线阵列互连，每一个 LAB 包含来自 PIA 的 36 个信号、用于寄存器辅助功能的控制信号和 I/O 引脚到寄存器的直接通道。宏单元可以单独配置为组合逻辑和时序逻辑工作方式，它由三个功能块组成：逻辑阵列、乘积项选择矩阵和可编程触发器。扩展乘积项可以使一个宏单元实现更复杂的逻辑函数，而不用使用两个宏单元。可编程连线阵列将各个 LAB 互连在一起，构成所需的逻辑功能。每个 I/O 引脚可以单独配置为输入、输出或是双向工作方式。

3.2.2　FLEX 8000 系列

FLEX(Flexible Logic Element Matrix)系列可编程芯片采用 0.8 μm CMOS SRAM 或 0.65 μm CMOS SRAM 集成电路制造工艺制造。该系列芯片的特点有：

(1) 最大门数 32 000，具有 2500～16 000 个可用门和 282～1500 个触发器。

(2) 在线可重配置。

(3) 采用可预测在线时间延迟的布线结构。

(4) 具有实现加法器和计数器的专用进位通道。

(5) 采用 3.3 V 和 5 V 电源。

(6) MAX+plus II 软件支持自动布线和布局。

(7) 有 84～304 个引脚的各种封装形式。

FLEX 8000 系列的常用型号有：EPF8282，EPF8452，EPF8636，EPF8820，EPF81188，EPF81500。

3.2.3　FLEX 10K10 系列

该系列可编程芯片采用 0.5 μm CMOS SRAM 或 0.25 μm CMOS SRAM(10K10E 系列)集成电路制造工艺制造。该系列芯片的特点有：

(1) 具有 7000～31 000 个可用门、6144 位 RAM、720 个触发器，最大 I/O 数为 150。

(2) 在线可重配置。

(3) 采用可预测在线时间延迟的布线结构。

(4) 具有实现加法器和计数器的专用进位通道。

(5) 采用 3.3 V 和 5 V 电源。

(6) MAX+plus II 软件支持自动布线和布局。

(7) 具有 84～562 个引脚的各种封装形式。

FLEX 10 K10 系列芯片的常用型号有：EPF10K10，EPF10K20，EPF10K30，EPF10K40，EPF10K50，EPF10K70，EPF10K100 等。

3.2.4　ALTERA Cyclone 系列

ALTERA Cyclone 系列 FPGA 针对低成本进行设计，采用具有专业应用特性的低成本器件，例如嵌入式存储器、外部存储器接口和时钟管理电路等。Cyclone 系列 FPGA 是成本敏感大批量应用的最佳方案。如果需要进一步进行系统集成，可以考虑密度更高的 Cyclone II FPGA 和 Cyclone III FPGA。这些 Cyclone 新系列巩固了 ALTERA 在大批量、低成本应用方案中的领先优势。

Cyclone 系列 FPGA 的价格和功能满足了市场对创新的需求，通过促进产品迅速面市来确定其领先优势。消费类、通信、计算机外设、工业和汽车等低成本大批量应用市场都可以使用 Cyclone FPGA。

Cyclone 器件的性能足以和业界最快的 FPGA 媲美。Cyclone FPGA 综合考虑了逻辑、存储器、锁相环(PLL)和高级 I/O 接口，其主要特点有：

(1) 新的可编程体系结构，实现低成本设计。

(2) 嵌入式存储器资源支持多种存储器应用和数字信号处理(DSP)实现。

(3) 专用外部存储器接口电路，支持与 DDR FCRAM 和 SDRAM 器件以及 SDR SDRAM 存储器的连接。

(4) 支持串行总线和网络接口以及多种通信协议。

(5) 片内和片外系统时序管理使用嵌入式 PLL。

(6) 支持单端 I/O 标准和差分 I/O 技术，LVDS 信号数据速率高达 640 Mb/s。

(7) 处理功耗支持 Nios Ⅱ系列嵌入式处理器。

(8) 采用新的串行配置器件的低成本配置方案。

(9) Quartus Ⅱ软件的 OpenCore 评估特性支持免费的 IP 功能评估。

3.2.5　PLD 的配置

PLD 的配置方式很多，下面以典型的 ALTERA 公司的芯片进行介绍。CPLD 芯片，比如 MAX 7000 系列的配置程序固化在芯片内的 EEPROM 中，所以该器件不需要专用的配置存储器，所有 MAX 7000 系列产品都由 ALTERA 公司提供的编程硬件和软件进行编程。配置所使用的编程硬件为编程卡、主编程部件(Master Programming Unit，MPU)和配套的编程适配器，编程软件为 MAX+plus Ⅱ或 Quartus Ⅱ软件。对于 FPGA 芯片，比如 FLEX 8000 系列和 FLEX 10K10 系列，其配置信息存放在芯片内的 SRAM 中，掉电后配置信息将全部丢失，所以这些配置信息需要存放在其它 EPROM 中，ALTERA 公司提供了与该系列芯片配套使用的 EPROM。对芯片的编程就是对 EPROM 的编程，芯片开始工作时，进入命令状态，在该状态将配置信息从 EPROM 中读到自己的 SRAM 中，然后进入用户状态，在用户状态器件就可以按照配置的功能进行工作了。整个配置过程全部自动进行，也可以靠外部逻辑控制进行，时钟可由器件自己提供，也可由外部时钟控制。因此，整个器件只要更换 EPROM 中的配置信息就可以更换功能，其灵活性是不言而喻的。该器件的配置方式主要有：主动串行配置(AS)、主动并行升址和降址配置(APU/APD)、被动串行配置(PS)、被动并行同步配置(PPS)、被动并行异步配置(PPA)、JTAG 配置方式等。

1．主动串行配置(AS)

该配置使用 ALTERA 公司提供的配置 EPROM(如 EPC1213)作为器件的配置数据源，配置 EPROM 以串行位流(bit-stream)方式向器件提供数据，见典型电路图 3-12。

在图中，FLEX 8000 的 nCONFIG 引脚接电源，使该器件有开机自动配置能力。

2．主动并行升址和降址配置(APU/APD)

在该方式，FLEX 8000 提供驱动外部 PROM 地址输入的连续地址，PROM 则在数据引脚 DATA[7..0]上送回相应的字节数据，FLEX 8000 器件产生连续地址直至加载完成。对于 APU 方式，计数顺序是上升的(00000H 到 3FFFFH)；对于 APD 方式，计数顺序是下降的。

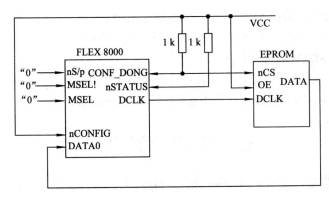

图 3-12　主动串行配置的典型电路

使用并行 EPROM 以 APU 或 APD 方式配置 FLEX 8000 的一般电路如图 3-13 所示。所有 FLEX 8000 芯片通过自己的 18 条地址线向 EPROM 提供地址。

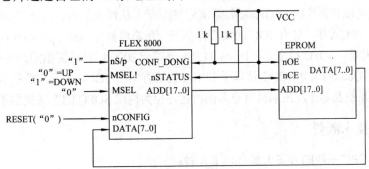

图 3-13　主动并行升址和降址配置电路

3. 被动串行配置(PS)

被动串行配置方式采用外部控制器，通过串行位流来配置 FLEX 8000，FLEX 8000 以从设备的方式通过 5 条线与外部控制器连接。

外部控制器有如下几种：

(1) ALTERA 公司的 PL-MPU 编程部件和 FLEX 下载电缆(Download Cable)；

(2) 智能主机(微机或单片机)；

(3) ALTERA 公司的 Bit Blaster 电缆，该电缆与 RS232 接口兼容。

使用 ALTERA 的 FLEX 下载电缆进行被动串行配置的电路如图 3-14 所示。

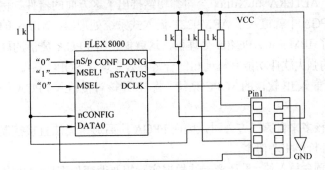

图 3-14　被动串行配置电路

FLEX 的下载电缆一端接 MPU 主编程部件的 EPROM 适配器，另一端与要编程的目的板中待配置的 FLEX 器件连接起来，向 FLEX 器件提供 5 个信号。配置数据取自 MAX+plus II 软件编译形成的 SRAM 目标文件(*.sof)。

FLEX 8000 进入用户状态后，随时都可以置换器件内的配置数据，这个过程叫做在线重新配置(in-circuit-configuration)或在系统编程(in system programmable)。

3.3　SOC 介 绍

微电子技术的发展，为 SOC(System-On-a-Chip)系统的实现提供了多种途径。对于经过验证而又具有批量的系统芯片，可以做成专用集成电路大量生产，而对于一些仅为小批量应用或处于开发阶段的 SOC，若马上投入流片生产，需要较多的资金且承担较大的试制风险。最近发展起来的 SOPC(System-On-Programmable-Chip)技术则提供了另一种有效的解决方案，即用大规模可编程器件的 FPGA 来实现 SOC 的功能。从技术上讲，完全可能将一个电子系统集成到一片 FPGA 中，这为 SOC 的实现提供了一种简单易行而成本低廉的手段，极大地促进了 SOC 的发展。SOPC 技术是美国 ALTERA 公司于 2000 年最早提出的，并同时推出了相应的开发软件 Quartus II。SOPC 是基于 FPGA 解决方案的 SOC，与 ASIC 的 SOC 解决方案相比，SOPC 系统及其开发技术具有更多的特色，也为构成 SOPC 的方案提供了多种途径。

3.3.1　SOPC 技术概要

当前构成 SOPC 系统的方案大致有以下几种：

(1) 基于 FPGA 嵌入 IP(Intellectual Property，知识产权)硬核的 SOPC 系统，即在 FPGA 中预先植入嵌入式系统处理器。目前最为常用的嵌入式系统大多采用含有 ARM 的 32 位知识产权处理器核的器件。尽管由这些器件构成的嵌入式系统有很强的功能，但为了使系统更为灵活完备，功能更为强大，对更多任务的完成具有更好的适应性，通常必须为此处理器配置许多接口器件才能构成一个完整的应用系统。例如，除配置常规的 SRAM、DRAM、Flash 外，还必须配置网络通信接口、串行通信接口、USB 接口、VGA 接口、PS/2 接口或其他专用接口等。这样会增加整个系统的体积、功耗，且降低系统的可靠性。如果将 ARM 或其他知识产权以硬核方式植入 FPGA 中，利用 FPGA 中的可编程逻辑资源和 IP 软核，直接通过 FPGA 中的逻辑宏单元来构成该嵌入式系统处理器的接口功能模块，则能很好地解决这些问题。对此，ALTERA 和 Xilinx 公司都相继推出了这方面的器件。例如，ALTERA 的 Excalibur 系列 FPGA 中就植入了 ARM922T 嵌入式系统处理器；Xilinx 的 Virtex II Pro 系列 FPGA 中植入了 IBM PowerPC405 处理器，这就能使得 FPGA 灵活的硬件设计和硬件实现功能与处理器的强大软件功能有机地相结合，高效实现了 SOPC 系统。

(2) 基于 FPGA 嵌入 IP 软核的 SOPC 系统。将 IP 硬核直接植入 FPGA 的解决方案存在如下缺点：

① 由于此类硬核多来自第三方公司，因而 FPGA 厂商通常无法直接控制其授权费用，从而导致 FPGA 器件价格相对偏高。

② 由于硬核是预先植入的，设计者无法根据实际需要改变处理器的结构，如总线规模、接口方式乃至指令形式，更不可能将 FPGA 逻辑资源构成的硬件模块以指令的形式形成内

置嵌入式系统的硬件加速模块(如 DSP 模块)，以适应更多的电路功能要求。

③ 无法根据实际设计需求在同一 FPGA 中使用多个处理器核。

④ 无法减少处理器硬件资源以降低 FPGA 成本。

⑤ 只能在特定的 FPGA 中使用硬核嵌入式系统，如只能使用 Excalibur 系列 FPGA 中的 ARM 核、Virtex Ⅱ Pro 系列中的 PowerPC 核。

利用软核嵌入式系统处理器就能有效解决上述问题。目前最有代表性的软核嵌入式系统处理器分别是 ALTERA 的 Nios 和 Nios Ⅱ核、Xilinx 的 MicroBlaze 核。特别是 Nios CPU 系统，使上述 5 方面的问题得到很好的解决。ALTERA 的 Nios 核是用户可随意配置和构建、具有 32/16 位总线(用户可选)指令集和数据通道的嵌入式系统微处理器 IP 核，采用 Avalon 总线结构通信接口，带有增强的内存、调试和软件功能(C 或汇编程序优化开发功能)；含由 First Silicon Solutions(FS2)开发的基于 JTAG 的片内设备(OCI)内核(这为开发者提供了强大的软硬件调试实时代码，OCI 调试功能可根据 FPGA JTAG 端口上接收的指令直接监视和控制片内处理器的工作情况)。此外，基于 Quartus Ⅱ平台的用户可编辑的 Nios 核含有许多可配置的接口模块核，包括可配置高速缓存模块、可配置 RS232 通信口、SDRAM 控制器、标准以太网协议接口、DMA、定时器、协处理器等。在植入(配置进)FPGA 前，用户可根据设计要求，利用 Quartus Ⅱ和 SOPC Builder，对 Nios 及其外围系统进行构建，使该嵌入式系统在硬件结构、功能特点、资源占用等方面全面满足用户系统设计的要求。Nios 核在同一 FPGA 中被植入的数量没有限制，只要 FPGA 的资源允许。此外，Nios 可植入的 ALTERA FPGA 的系列几乎没有限制，在这方面，Nios 显然优于 Xilinx 的 MicroBlaze。

另外，在开发工具的完备性方面、对常用嵌入式操作系统支持方面，Nios 都优于 MicroBlaze。就成本而言，由于 Nios 是由 ALTERA 直接推出的而非第三方产品，故用户通常无需支付知识产权费用，Nios 的使用费仅仅是其占用的 FPGA 逻辑资源费。因此，选用的 FPGA 越便宜，则 Nios 的使用费就越便宜。特别值得一提的是，通过 Matlab 和 DSP Builder，或直接使用 VHDL 等硬件描述语言，用户可以为 Nios 嵌入式处理器设计各类加速器，并以指令的形式加入 Nios 的指令系统，从而成为 Nios 系统的一个接口设备，与整个片内嵌入式系统融为一体。例如，用户可以根据设计项目的具体要求，随心所欲地构建自己的 DSP 处理器系统，而不必拘泥于其他 DSP 公司已上市的有限款式的 DSP 处理器。

(3) 基于 HardCopy 技术的 SOPC 系统。HardCopy 就是利用原有的 FPGA 开发工具，将成功实现于 FPGA 器件上的 SOPC 系统通过特定的技术直接向 ASIC 转化，从而克服传统 ASIC 设计中普遍存在的问题。与 HardCopy 技术相比，对于系统级的大规模 ASIC(SOC)开发，有不少难以克服的问题，其中包括开发周期长、产品上市慢、一次性成功率低、有最少的投片量要求、设计软件工具繁多且昂贵、开发流程复杂等。例如，此类 ASIC 开发首先要求有高技术人员队伍、高达数十万美元的开发软件费用和高昂的掩膜费用，且整个设计周期可能长达一年。ASIC 设计的高成本和一次性低成功率很大部分是由于需要设计和掩膜的层数太多(多达十几层)而造成的。然而如果利用 HardCopy 技术设计 ASIC，则开发软件的费用仅 2000 美元(Quartus Ⅱ)，SOC 级规模的设计周期不超过 20 周，一次性投片的成功率近乎 100%，即所谓的 FPGA 向 ASIC 的无缝转化。而且用 ASIC 实现后的系统性能将比原来在 HardCopy FPGA 上验证的模型提高近 50%，而功耗则降低 40%。一次性成功率的大幅度提高即意味着设计成本的大幅降低和产品上市速度的加快。三种 SOC 方案的比较如表 3-1 所示。

表 3-1　三种 SOC 方案的比较

项目	基于 ASIC 的 SOC	基于 FPGA 的 SOC(SOPC)	基于 HardCopy 的 SOC
单片成本	低	较高	较低
开发周期	长(超过 50 周)	短(少于 10 周)	较短(少于 20 周)
开发成本	设计工程成本高,掩膜成本高,软件工具成本高(超过 30 万美元)	设计工程成本低,无掩膜成本,软件工具成本低(低于 2000 美元)	设计工程成本低,掩膜成本低,软件工具成本低(低于 2000 美元)
一次投片情况	一次投片成功率低,成本高,耗时长	可现场配置	一次投片成功率近 100%,成本低,耗时短
集成技术	0.25 μs～65 nm	0.25 μs～90 nm	0.25 μs～90 nm
可重构性	不可重构	可重构	不可重构

HardCopy 技术是一种全新的 SOC 级 ASIC 设计解决方案,即将专用的硅片设计和 FPGA 至 HardCopy 自动迁移过程结合在一起,首先利用 Quartus Ⅱ 将系统模型成功实现于 HardCopy FPGA 上,然后帮助设计者把可编程解决方案无缝地迁移到低成本的 ASIC 上的实现方案。这样,HardCopy 器件就把大容量 FPGA 的灵活性和 ASIC 的市场优势结合起来,适用于有较大批量要求并对成本敏感的电子系统产品。

3.3.2　SOPC 设计初步

SOPC 一般采用大容量 FPGA 作为载体,除了在 FPGA 中定制 MCU 处理器和 DSP 功能模块外,还可以设计其它逻辑功能模块,实现 MCU+DSP+FPGA 在一片芯片上集成。例如,可采用 ALTERA 公司的 Cyclone、Stratix、Stratix Ⅱ 等大容量 FPGA 实现片上系统。图 3-15 是一个典型的基于 ALTERA 公司大容量 FPGA 的 SOPC 结构图。其中 Nios Ⅱ 可以采用 ALTERA 公司的 SOPC Builder 来定制,DSP 采用 DSP Builder 来定制。

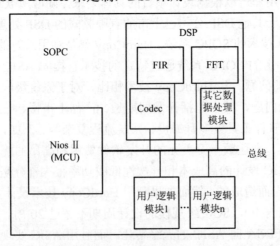

图 3-15　典型的基于 ALTERA 公司大容量 FPGA 的 SOPC 结构图

图 3-16 是一个简化的基于 Quantus Ⅱ 和 Nios Ⅱ 的 SOPC 开发流程。从图中可见，SOPC 的开发流程比 FPGA 的开发流程增加了处理器及其外设接口的定制步骤以及软件开发的步骤(阴影框)。这些新增加的步骤在 SOPC Buider(定制处理器和外设接口)、Nios Ⅱ IDE(软件集成开发环境)工具的协助下可以轻松完成。

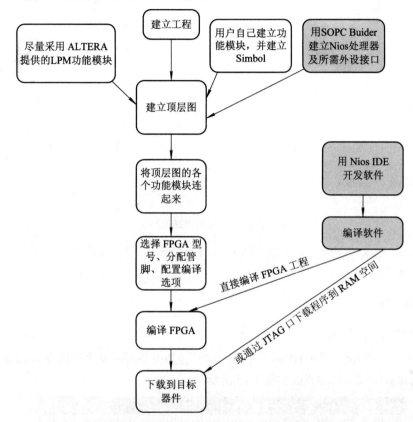

图 3-16　简化的基于 Quantus Ⅱ 和 Nios Ⅱ 的 SOPC 开发流程图

3.4　实训：用 Quartus Ⅱ 软件中的图形法设计电路

一、实训内容

设计一个产生"10101110"序列的脉冲发生器。

二、实训目的

(1) 学会运用 Quartus Ⅱ 软件的图形法设计数字电路。

(2) 掌握 Quartus Ⅱ 软件的使用步骤。

(3) 掌握脉冲序列的产生原理。

三、实训原理

在通信系统中，脉冲序列发生器是一种常见电路。本实训要求设计的脉冲发生器产生

"10101110" 序列信号。由数字电路的知识可知，可以运用一个 8 选 1 的数据选择器与一个 8 进制的计数器构成脉冲发生器，具体电路如图 3-17 所示。

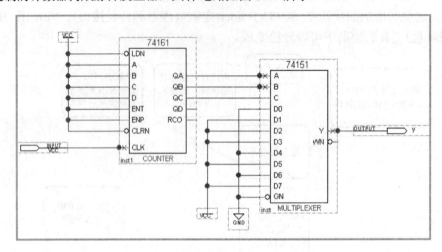

图 3-17 脉冲发生器的电路原理图

时钟信号由 CLK 端输入，可以控制时钟信号的频率从而控制脉冲序列产生的速度。Y 为输出信号。

四、实训步骤

1. 启动 Quartus II 6.0

双击桌面上的 Quartus II 6.0 图标或单击"开始"按钮并在程序菜单中选择 Quartus II 6.0，可以启动 Quartus II 6.0，启动界面如图 3-18 所示。

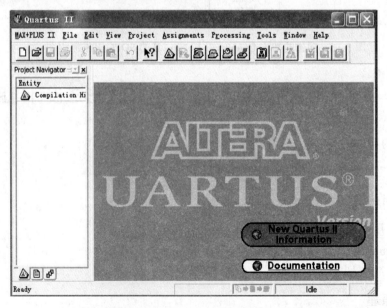

图 3-18 Quartus II 6.0 启动界面

2．编辑文件

单击菜单栏中的 File\New 命令，打开如图 3-19 所示的"New"对话框，用于输入文件类型。

图 3-19　"New"对话框

单击"New"对话框中的 Device Design Files 选项卡，选择输入文件的类型。这里选择"Block Diagram/Schematic File"，选好后单击"OK"按钮，打开图形编辑窗口，如图 3-20 所示。

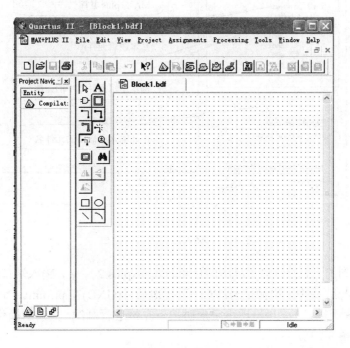

图 3-20　图形编辑窗口

3．输入原理图

右击鼠标，弹出如图 3-21 所示的快捷菜单，点击"Insert\Symbol"，出现如图 3-22 所示的输入原理图符号窗口。

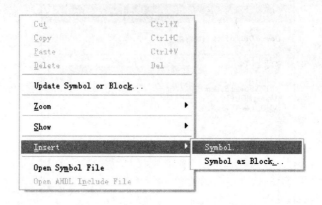

图 3-21　插入图形符号

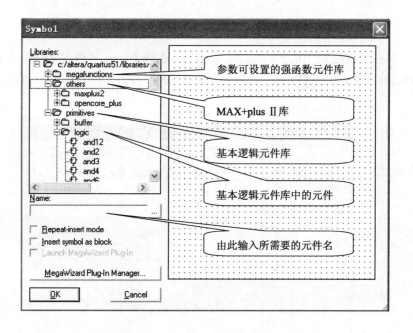

图 3-22　输入原理图符号窗口

本实训所用到的元件 74151、74161 在 others\maxplus 2 库中，输入端口信号、输出端口信号在 primitives\pin 库中，电源信号(VCC)、接地信号(GND)在 primitives\other 库中。在画连线时，把光标置于端口处，当出现十字形时按下左键进行画线。其余的操作与 Protel 相似。画出的原理图如图 3-23 所示。

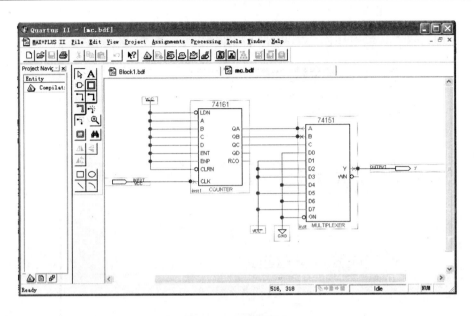

图 3-23　原理图输入

保存所建立的文件,保存对话框如图 3-24 所示,将该文件保存到 D 盘 design 文件夹中,文件名为 ex1_v。

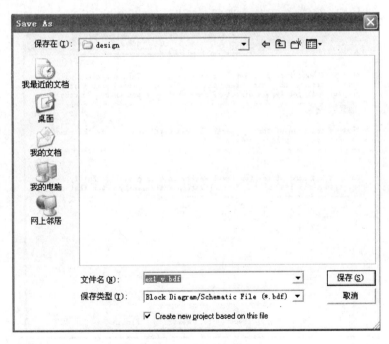

图 3-24　保存文件对话框

4. 创建工程

1) 打开新建工程向导

单击 File\New Preject Wizard 菜单,出现新建工程向导对话框,如图 3-25 所示。

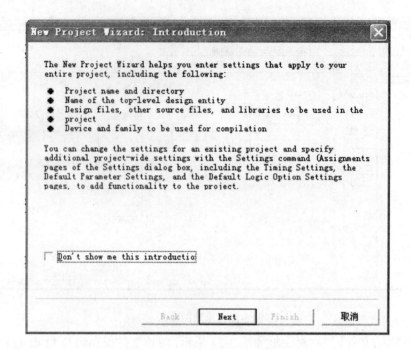

图 3-25　新建工程向导对话框

单击"Next"按钮，出现工程基本设置对话框，如图 3-26 所示。

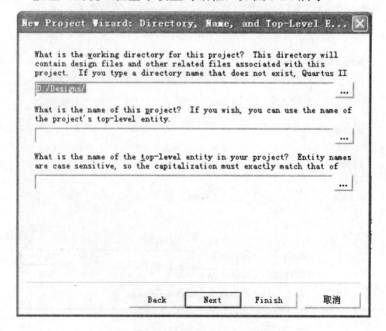

图 3-26　工程基本设置对话框

在最上面的输入框中输入工作库文件夹的地址，本例的地址是 D:\Designs，单击旁边的浏览按钮，如图 3-27 所示，选择所需的设计文件。

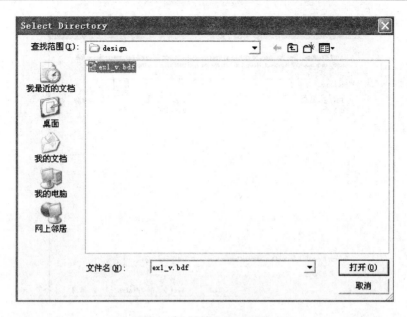

图 3-27　选择文件对话框

　　输入该工程的名称，一般可以用顶层文件的名称作为工程名称，本例的顶层文件名是 ex1_v。最下面的文件名输入框要求输入顶层设计文件实体的名称，本例顶层文件实体的名称也是 ex1_v。单击"打开"按钮，出现如图 3-28 所示的工程设置完成对话框。

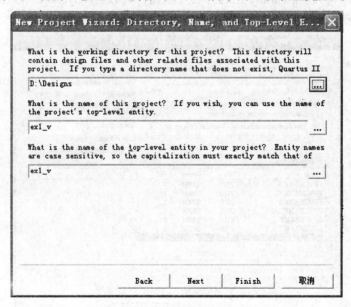

图 3-28　工程设置完成对话框

2) 将设计文件加入工程中

　　单击"Next"按钮，弹出添加文件对话框，如图 3-29 所示。将与本工程有关的文件加入，方法有两种：一种是单击右边的"Add All"按钮，将工程目录中的所有文件加入到工程文件栏；另一种是单击"Add"按钮，从工程目录中选出相关的文件加入到工程中。

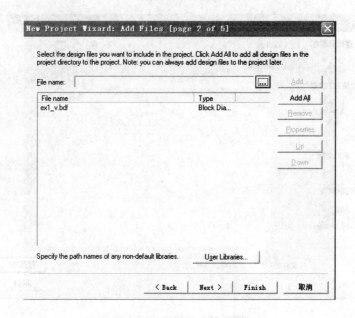

图 3-29　向工程中添加文件对话框

3) 选择目标芯片

单击"Next"按钮，打开如图 3-30 所示的选择目标芯片对话框，根据系统设计的实际需要选择目标芯片。首先在 Family 栏选择芯片系列，本例选择 Cyclone 系列的 EP1C3T144C8 芯片，读者可以根据已有的实验开发系统选择合适的芯片。

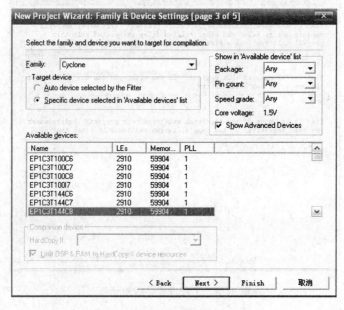

图 3-30　选择目标芯片对话框

4) 选择仿真器和综合器类型

单击"Next"按钮，弹出如图 3-31 所示的选择仿真器和综合器对话框。如果不选择，则表示使用 Quartus II 中自带的仿真器和综合器。可以根据需要选择合适的仿真器与综合器，在本例中选择默认的选项。

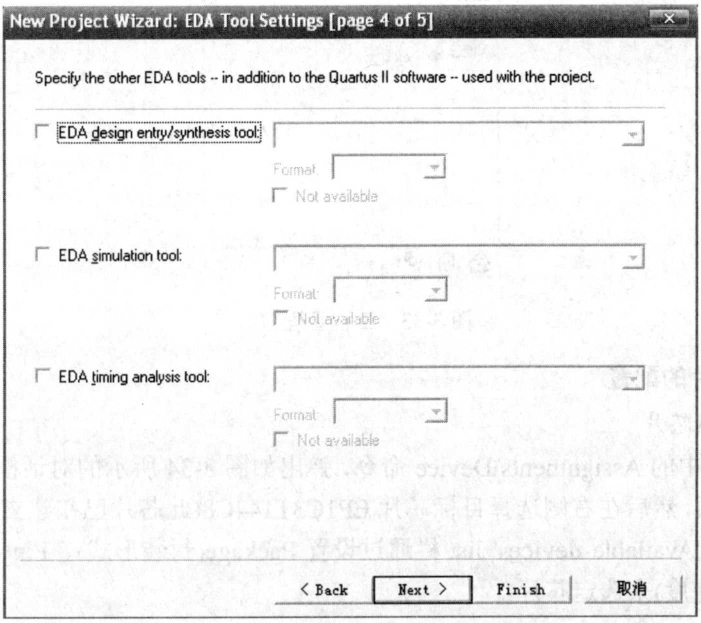

图 3-31　选择仿真器和综合器类型

单击 "Next" 按钮，弹出工程设置统计窗口，如图 3-32 所示。

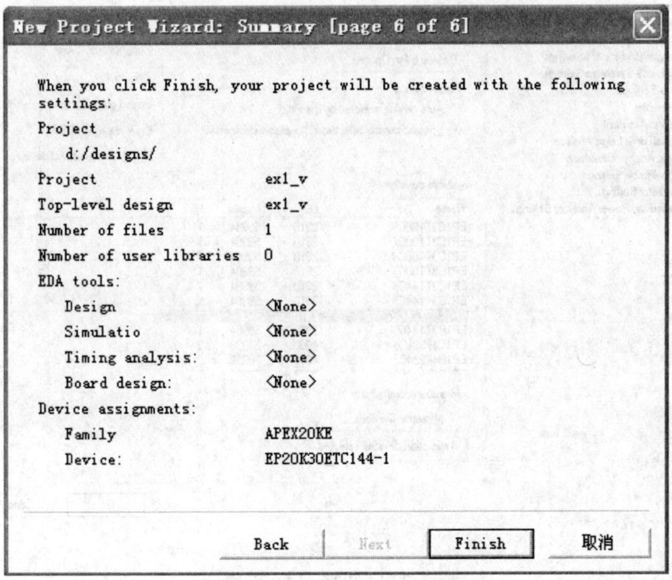

图 3-32　工程设置统计窗口

5) 结束设置

最后单击 "Finish" 按钮，结束设置。在 Quartus II 6.0 主窗口的左侧会出现如图 3-33 所示的工程管理窗口，或称 Compilation Hierarchy 窗口，主要显示本工程项目的层次结构和各层次的实体名。

图 3-33　工程管理窗口

5. 目标芯片的配置

1) 选择目标芯片

单击菜单栏中的 Assignments\Device 命令，弹出如图 3-34 所示的对话框，选择 Category 下的 Device 选项，然后在右侧选择目标芯片 EP1C3T144C8(此芯片已在建立工程时选定了)。也可在 Show in 'Available devices' list 栏通过设置 Package(封装形式)、Pin count(管脚数量)和 Speed grade(速度)来选定芯片。

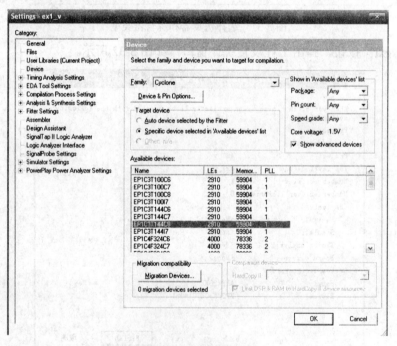

图 3-34　选择目标芯片

2) 选择目标器件编程配置方式

单击"Device & Pin Options…"按钮进入器件与管脚操作对话框，如图 3-35 所示。首先选择 Configuration 项，在此列表框的下方有相应的说明，可选 Configuration 方式为 Passive Serial，这种方式可以直接由 PC 机配置，也可由专用配置器件进行配置。使用的配置器件选 Auto(系统自动配置)。

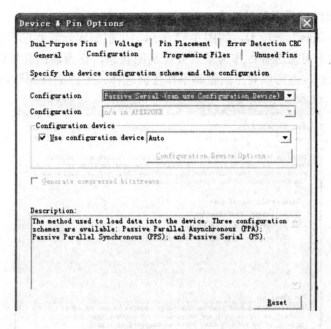

图 3-35　器件与管脚操作对话框

3) 选择输出配置

单击"Programming Files"选项卡，如图 3-36 所示，可以选"Hexadecimal (Intel-Format)Output File(.hexout)"，即产生下载文件的同时，产生十六进制配置文件。Start(起始地址)设为 0，Count(计数)设为 Up(递增方式)。此可编程文件可用于单片机与 EPROM 构成的 FPGA 配置电路系统。

图 3-36　"Programming Files"选项卡

4) 选择目标器件闲置引脚的状态

单击"Unused Pins"选项卡，如图 3-37 所示，可根据实际需要选择目标器件空闲管脚的状态。有三种状态可供选择：作为输入并呈高阻状态，作为输出并呈低电平状态，作为输出并呈不确定状态。也可以对空闲管脚不作任何选择，而由编程器自动配置。

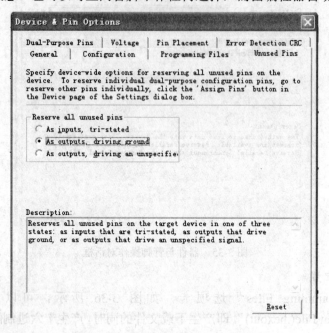

图 3-37　"Unused Pins"选项卡

6．编译

1) 编译

单击菜单栏中的 Processing\Start Compilation 命令，启动全程编译，如图 3-38 所示。如果工程文件中有错误，在下方的信息栏中会显示出来。可双击提示信息，在闪动的光标处(或附近)仔细查找错误，改正后存盘，再次进行编译，直到没有错误为止。编译成功的标志是所有进程都完成。

Module	Progress %	Time
Full Compilation	100 %	00:00:0
Analysis & Synthesis	100 %	00:00:0
Fitter	100 %	00:00:0
Assembler	100 %	00:00:0
Timing Analyzer	100 %	00:00:0

图 3-38　全程编译界面

2) 阅读编译报告

编译成功后可以看到编译报告，如图 3-39 所示，左边是编译处理信息目录，右边是编译报告。这些信息也可以在 Processing 菜单下的 Compilation Report 中见到。

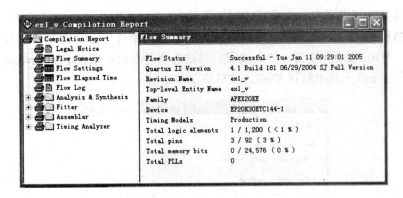

图 3-39　编译报告

7. 仿真

1) 建立波形文件

仿真前必须建立波形文件。单击 File\New 命令，打开文件选择窗口，然后单击"Other Files"选项卡，选择其中的"Vector Waveform File"选项，如图 3-40 所示。

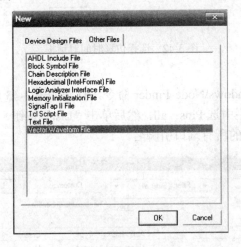

图 3-40　选择波形文件

2) 打开波形编辑器

单击"OK"按钮，即出现空白的波形编辑窗口，如图 3-41 所示。

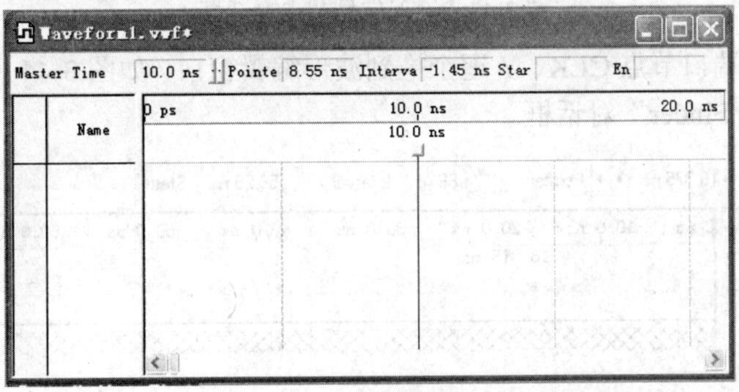

图 3-41　波形编辑窗口

为了使仿真时间设置在一个合理的时间区域内,单击 Edit\End Time 命令,出现如图 3-42 所示的选择仿真时间对话框,在 Time 输入框输入 2.0,单位选 μs,即整个仿真域的时间设定为 2 微秒。单击 "OK" 按钮,结束设置后将波形文件存盘。单击 File\Save as 命令,将波形文件以文件名 ex1_v.vwf(默认名)存入文件夹 D:\Designs 中。

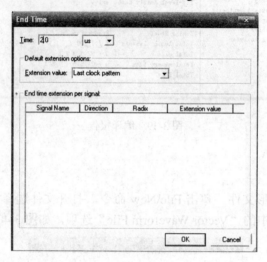

图 3-42 选择仿真时间对话框

3) 输入信号节点

单击 View\Utility Windows\Node Finder 命令,打开如图 3-43 所示的输入信号节点对话框。在该对话框的 Filter 栏中选 Pins:all,然后单击 "List" 按钮,在下方的 "Nodes Found" 列表框中会出现设计工程的所有端口引脚名。

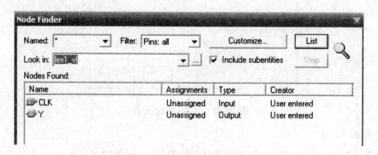

图 3-43 输入信号节点对话框

用鼠标将输入端口节点 CLK、Y 逐个拖到波形编辑窗口,如图 3-44 所示。单击 "关闭" 按钮,关闭 "Node Finder" 对话框。

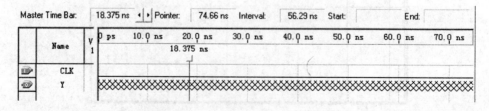

图 3-44 增加了输入端口的波形编辑窗口

4) 编辑输入波形

分别给输入管脚编辑波形，给 CLK 信号添加脉冲波形，如图 3-45 所示。

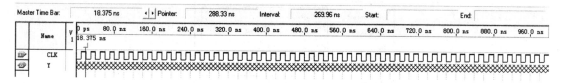

图 3-45　编辑输入波形

5) 启动仿真及阅读仿真报告

单击菜单栏中的 Processing\Start Simulation 命令，即可启动仿真器，生成如图 3-46 所示的仿真波形图。从图中可以看出，本次设计的"与"门的输出有明显的延时。

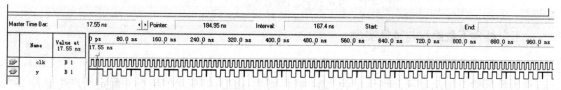

图 3-46　仿真波形

8. 指定芯片管脚

单击菜单栏中的 Assignments\Pin，打开如图 3-47 所示的芯片管脚编辑对话框。

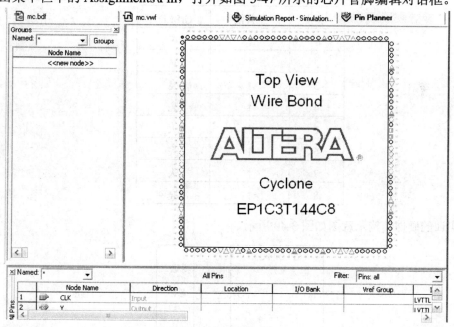

图 3-47　芯片管脚编辑对话框

双击芯片的管脚，弹出如图 3-48 所示的"Pin Properties(管脚属性)"对话框。

给管脚添加相应的信号，全局时钟信号只能添加到 16、17 号管脚。本实训可以把 CLK 信号定义为全局信号，Y 信号可以通过 LED 灯输出显示。信号定义完成以后，重新进行编译。

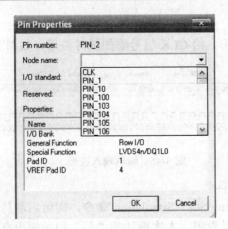

图 3-48　　"Pin Properties(管脚属性)"对话框

五、器件下载编程与硬件实现

在进行硬件测试时,选择 EDA 实验开发系统上的时钟信号作为输入信号,用一个 LED 灯作为数据输出指示显示,当地址为"0"时,观察 LED 灯变化的情况并确定所产生脉冲的情况,也可通过示波器观察输出信号。输入与输出的对应关系见表 3-3。

表 3-3　　输入与输出对应关系

输入(CLK)		输出
序号	上升沿	Q(LED)
1	↑	灭
2	↑	亮
3	↑	亮
4	↑	亮
5	↑	灭
6	↑	亮
7	↑	灭
8	↑	亮

本实训的硬件结构示意图如图 3-49 所示。

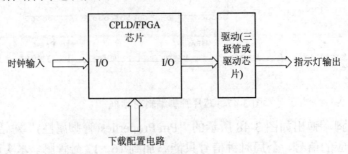

图 3-49　脉冲发生器对应的硬件结构示意图

六、实训报告

(1) 说明实训项目的工作原理，简述所需要的器材。

(2) 画出设计原理图，并进行解释。

(3) 写出软件仿真结果，并进行分析。

(4) 说明硬件原理与测试情况。

(5) 写出心得体会。

习　　题

3.1　简述可编程逻辑器件的发展历程。

3.2　简单叙述一下可编程逻辑器件的原理。

3.3　简单介绍一下目前市场上有哪些主要的可编程逻辑器件生产厂商，并指出它们对应的 EDA 工具软件。

3.4　什么是基于乘积项的可编程逻辑结构？

3.5　什么是基于查找表的可编逻辑结构？FPGA 与 CPLD 的硬件结构分别有何特点？

3.6　简述 SOPC 系统的设计方案。

3.7　简述基于 Quantus Ⅱ 和 Nios Ⅱ 的 SOPC 开发流程。

第 4 章　　VHDL 语言介绍

在硬件电路设计中采用计算机辅助设计技术到 20 世纪 80 年代才得到普及与应用。在开始阶段，仅仅是利用计算机软件来实现印制电路板的布线，随着大规模专用集成电路需求的不断增加，为了提高开发和研制的效率，增加已有开发成果的可继承性以及缩短开发时间，各 ASIC 研制和生产厂家相继开发了用于各自目的的硬件描述语言。

所谓硬件描述语言，就是利用高级语言来描述硬件电路的功能、信号连接关系以及各器件间的时序关系。它比电路原理图更有效地表达了硬件电路的特性，而且硬件描述语言非常适合用于目前 IC 产业中流行的由顶向下的设计方法。

目前已经存在多种硬件描述语言，其中 VHDL 与 Verilog HDL 是影响最广的两种硬件描述语言。VHDL 相对于 Verilog HDL 而言，在语法上更严谨一些，但这也使它失去了一些灵活性和多样性。从文档纪记录、综合以及器件和系统的仿真上看，VHDL 是一种更好的选择。为了便于程序的阅读和调试，本书对 VHDL 程序设计特作如下约定：

(1) 语句结构描述中方括号([ ])内的内容为可选内容。

(2) VHDL 的编译器和综合器对程序文字的大小写是不加区分的。

(3) 程序中的注释使用双横线"- -"。在 VHDL 程序的任何一行中，双横线"- -"后的文字都不参加编译和综合。

4.1　　VHDL 语言概述

VHDL(Very-high-speed Integrated Circuit Hardware Description Language)诞生于 1982 年，是美国国防部委托 IBM 和 Texas Instruments 联合开发的。该语言的设计目标有两个：一是使设计者可以用一种语言来描述他们希望描述的复杂电路；二是希望这种语言成为一种标准，使 VHSIC 计划中的每一个成员都能够按照标准格式向别的成员提供设计。

1986 年，VHDL 被建议作为 IEEE 标准，经过了多次修改后，到 1987 年 12 月，它被接纳为 IEEE 的标准。自 IEEE 公布了 VHDL 的标准版本——IEEE 1076(简称 87 版)之后，各 EDA 公司相继推出了自己的 VHDL 设计环境，或宣布自己的设计工具可以和 VHDL 接口。此后，VHDL 在电子设计领域得到了广泛应用，并逐步取代了原有的非标准硬件描述语言。1993 年，IEEE 对 VHDL 进行了修订，增加了文件类型与说明语句，增加了文件操作的功能，增加了操作符，并定义了共享变量，端口映射中可以采用常量等，从更高的抽象层次和系统描述能力上扩展了 VHDL 的内容。新版本的 VHDL 即 IEEE-1076-1993 版本(简称 93 版)，读者可参阅相应的手册。现在，VHDL 和 Verilog HDL 作为 IEEE 的工业标准硬件描述语言，在电子工程领域已成为事实上的通用硬件描述语言。有专家认为，在新的世纪中，VHDL 与 Verilog HDL 将承担起大部分的数字系统设计任务。本书主要是以 87 版为基础编写的，在用一些 EDA 工具软件进行编译时，要事先指定版本号，这一点请注意。

VHDL 主要用于描述数字系统的结构、行为、功能和接口。除了含有许多具有硬件特征的语句外，VHDL 的语言形式、描述风格与句法与一般的计算机高级语言基本相同。

4.2　VHDL 语言的特点

如今，大多数 EDA 工具软件都采用 VHDL 语言作为主要的硬件描述语言，这主要源于 VHDL 强大的自身功能与特点。VHDL 语言有如下特点：

(1) VHDL 是工业标准的文本格式语言。VHDL 已成为一种工业标准，设计者、EDA 工具供应商以及芯片生产厂家都要遵循这一标准。该语言是一种文本格式的语言，ASIC 的设计者在设计电路时，就像编写其他高级语言一样，用文本来表达所要设计的电路，这样能比较直观地表达设计者的设计思想，并且易于修改。

(2) VHDL 具有强大的描述能力。VHDL 语言既可以描述系统级电路，也可以描述门级电路；既可以采用行为级描述、数据流描述或结构化描述，也可以采用三者混合的描述方式。VHDL 还支持惯性延迟和传输延迟，可以方便地建立电子系统的模型，其强大的描述功能主要来自于强大的语法结构和丰富的数据类型。

(3) VHDL 能同时支持仿真与综合。VHDL 语言是一种能够支持系统仿真的语言。事实上，ASIC 成功的关键在于生产前的设计，而保证设计正确性的主要手段就是系统仿真。目前大部分的 EDA 工具支持 VHDL 语言级仿真。这样，设计者在 ASIC 生产前就能够知道设计的正确与否、系统的性能如何等关键问题。

VHDL 不仅仅是一种仿真语言，它的大部分语句是可综合的，但也有一部分不支持综合，但其中的可综合语句足以描述一个大而完整的系统。目前所有的高层综合工具所支持的综合语句都是 IEEE 标准的一个子集。

因此，VHDL 语言可以有两种完全不同的描述：一种是基于仿真的描述，它可以使用 VHDL 定义的各种语句，这类程序主要供编写测试基准程序和各种仿真模型的工程师使用；另外一种是用于生成具体电路的可综合描述，它只能使用 VHDL 中的可综合子集，这类程序主要供从事电路设计的工程师使用，本书中主要偏重于这种类型的 VHDL 描述。

(4) VHDL 是一种并发执行的语句。几乎所有高级语言程序的执行都是顺序的，而 VHDL 语言执行在总体上是并行的，这种特性符合实际逻辑电路的工作过程。

(5) VHDL 支持结构化设计与 top-down 设计方法。VHDL 语言是一种结构化的语言，它提供的语句可以完成多层结构的描述，因此 VHDL 语言支持结构化设计。结构化设计就是将一个系统划分为多个模块，而每个模块又可以继续划分为更多的子模块。EDA 设计是自顶向下的，由于 VHDL 语言支持结构化设计，因而就可以采用 top-down 设计方法，从系统整体要求出发，自上而下地逐步将系统内容细化，最后完成系统设计。

(6) VHDL 的描述与工艺无关。设计者在利用 VHDL 描述电路时并不需要关心电路最终将采用哪种工艺实现，EDA 工具可以将 VHDL 源代码映射到不同的工艺库上，提高了设计的可重用性。

VHDL 语言还有共享与调用功能。利用 VHDL 设计的电路是文本格式的程序，易于保存与管理。

4.3 VHDL 语言的数据类型

作为一种硬件描述语言，VHDL 与其它高级语言一样，其信号、变量、常量都要指定数据类型。VHDL 提供了多种标准的数据类型，还可以由用户自定义数据类型。VHDL 数据类型的定义相当严格，不同类型之间的数据不能直接代入，即使数据类型相同、长度不同也不能直接代入。

4.3.1 预定义(标准)数据类型

VHDL 的预定义数据类型都是在 VHDL 标准的程序包 STANDARD 中定义的，在实际使用时，会自动包含到 VHDL 的源程序中，因此不必通过 USE 语句进行调用。

1. 位(BIT)与位矢量(BIT_VECTOR)数据类型

在数字系统中，信号通常用一个位来表示，取值只能是"1"或"0"。如果一个量一次可取多个位值，则在 VHDL 语言中把它定义为位矢量。位矢量其实是基于 BIT 数据类型的数组。使用位矢量必须注明位长，即数组中元素的个数和排列情况。

【例 4-1】SIGNAL a：BIT_VECTOR(7 DOWNTO 0);

说明：信号 a 被定义为一个 8 位位长的矢量，其最左边是 a(7)，最右边是 a(0)。

【例 4-2】SIGNAL a：BIT_VECTOR(0 TO 7);

说明：信号 a 被定义为一个 8 位位长的矢量，其最左边是 a(0)，最右边是 a(7)。

位与位矢量可以按位进行访问，也可以进行逻辑运算。

2. 整数(INTEGER)数据类型

整数数据类型与算术中的整数定义相同，其取值范围为 $-(2^{31}-1) \sim +(2^{31}-1)$，可以进行加、减、乘、除等算术运算。整数的取值范围比较大，而 VHDL 语言是硬件描述语言，为了确定整数的存储空间，VHDL 综合器要求用 RANGE 为所定义的整数限定范围，然后根据所限定的范围来决定表示此信号或变量的二进制数的位数。

【例 4-3】SIGNAL abus : INTEGER RANGE 0 TO15;

说明：abus 是一个整数，其取值为 0～15。

在应用时整数不能按位访问，并且对整数也不能用逻辑操作符。如果需要进行逻辑操作或按位访问操作，则可以运用类型转换函数将整数转换成 BIT_VECTOR 类型的数后再进行操作。综合器对 abus 综合时可用 4 位二进制数来表示，因此，abus 将被综合成由 4 条信号线构成的信号。

整数常量的书写方式见例 4-4。

【例 4-4】3(十进制整数)，10E4(十进制整数)，16#D2#(十六进制整数)，2#11011010#(二进制整数)。

3. 布尔(BOOLEAN)数据类型

布尔数据类型只有"真"和"假"两个状态。布尔数据类型没有数值含义，不能进行算术运算，但可以进行关系运算，可以在 IF 语句中被测试，产生一个布尔量。如果有一个布尔类型的信号名为 BE，对其进行赋值：BE<=(5>2)("<="为信号赋值语句)，则 BE 的值

为 TRUE；如果为 BE<=(5<2)，则值为 FALSE。综合器对布尔类型的数值进行综合时，将其变为 1 或 0 信号值，对应于硬件系统中的一根连线。

4. 字符(CHARACTER)与字符串(STRING)数据类型

字符类型通常用单引号引起来，如'A'。一般情况下，VHDL 语言对于字母的大小写不敏感，但是对于字符量中的大小写字符却认为是不一样的。字符串数据类型是字符数据类型的一个非约束型数组，或称为字符串数组。字符串必须用双引号标明。

【例 4-5】

```
SINGAL    STRING_VAR: STRING(1 TO 7);
...
STRING< = "a b c d"; --空格也作为一个字符
```

5. 实数(REAL)数据类型

在进行算法研究或实验时，作为对硬件方案的抽象手段，常常用到实数的四则运算。通常情况下，实数仅能在 VHDL 仿真中使用，实数的取值范围为–1.0E38～+1.0E38。

实数常量的书写方式见例 4-6。

【例 4-6】　65971.333333(十进制浮点数)，8#43.6#E+4(八进制浮点数)，43.6E-4(十进制浮点数)。

6. 时间(TIME)数据类型

VHDL 中唯一预定义的物理类型是时间。完整的时间类型包括整数和物理量单位两部分，整数和单位之间至少留一个空格，如 50 ms、30 ns。时间类型仅在仿真中使用，使模型系统更逼近实际系统的运行情况。

STANDARD 程序包中也定义了时间，参见例 4-7。

【例 4-7】

```
TYPE TIME IS RANGE    –2 147 483 647 TO 2 147 483 647;
UNITS
        fs:                          --飞秒，VHDL 中最小的时间单位
        ps=1000 fs ;                 --皮秒
        ns=1000 ps;                  --纳秒
        us=1000 ns;                  --微秒
        ms=1000 us;                  --毫秒
        sec=1000 ms;                 --秒
        min=60 sec;                  --分
        hr=60 min;                   --时
    END    UNTIS;
```

7. 自然数(NATURAL)和正整数(POSITIVE)数据类型

自然数是整数的一个子类型，是非负的整数，包括零和正整数。正整数也是一个子类型，它包括整数中非零和非负的数值。自然数和正整数在 STANDARD 程序包中定义的源代码见例 4-8。

【例 4-8】

    SUBTYPE NATURAL IS INTEGER RANGE 0 TO INTEGER' HIGH;
    SUBTYPE POSITIVE IS INTEGER RANGE 1 TO INTEGER' HIGH；

8. 错误等级(SEVERITY LEVEL)

在 VHDL 仿真器中，错误等级用来指示设计系统的工作状态，共有 4 种可能的状态值：NOTE(注意)、WARNING(警告)、ERROR(错误)、FAILURE(失败)。在仿真过程中，可输出这 4 种值来提示被仿真系统当前的工作情况。

4.3.2 IEEE 预定义标准逻辑位与矢量

在数字系统中，设计电路时经常会用到高阻这个状态，也经常会涉及到有符号数与无符号数，IEEE 库对此进行了预定义。

1. 标准逻辑位 STD_LOGIC 数据类型

在数字系统设计中，信号值通常用一个位(BIT)来表示，事实上用 BIT 数据类型去描述信号状态是不够的，数字系统中状态的取值还有高阻、不定值等。为了更好地描述数字系统，在 IEEE 库的包集合 STD_LOGIC 和 STD_LOGIC_1164 中有如下的定义：

    TYPE std_logic IS ('U', 'X', '1', '0', 'Z', 'W', 'L', 'H', '-');

表示 std_logic 数值类型具有 9 种不同的值：U(未初始化的)、X(强未知的)、0(强 0)、1(强 1)、Z(高阻态)、W(弱未知的)、L(弱 0)、H(弱 1)、-(忽略)。把 STD_LOGIC 称为标准的逻辑位，其对应的矢量称为标准逻辑位矢量。在 IEEE 库的程序包 STD_LOGIC_1164 中，定义了两个非常重要的数据类型，即标准逻辑位 STD_LOGIC 和标准逻辑矢量 STD_LOGIC_VECTOR。

在仿真和综合中，STD_LOGIC 值是非常重要的，它可以使设计者精确模拟一些未知和高阻态的线路情况。对于综合器，高阻态和忽略态可用于三态的描述。但就综合而言，STD_LOGIC 型数据能够在数字器件中实现的只有其中 4 种值，即 "–"、"0"、"1" 和 "Z"。当然，这并不表明其余的 5 种值不存在。这 9 种值对于 VHDL 的行为仿真都有重要意义。

2. 标准逻辑矢量(STD_LOGIC_VECTOR)数据类型

STD_LOGIC_VECTOR 类型定义如下：

    TPYE STD_LOGIC_VECTOR IS ARRAY(NATURAL RANGE<>)OF STD_LOGIC;

显然，STD_LOGIC_VECTOR 是定义在 STD_LOGIC_1164 程序包中的标准一维数组，数组中的每一个元素的数据都是以上定义的标准逻辑位 STD_LOGIC。

STD_LOGIC_VECTOR 数据类型的数据对象赋值的原则是：同位宽、同数据类型的矢量间才能进行赋值。例 4-9 描述的是 CPU 中数据总线上位矢量赋值的操作，注意例中信号数据类型定义和赋值操作中信号的数组位宽。

【例 4-9】

    …
    TYPE T_DATA IS ARRAY(7 DOWNTO 0) OF STD_LOGIC;   --自定义数组类型
    SIGNAL databus，memory: T_DATA;   --定义信号 databus 和 memory
    CPU：PROCESS   --CPU 工作进程开始

```
        VARIABLE reg1：T_DATA ；                    --定义寄存器变量 reg1
        BEGIN
        …
        databus<=reg1;                             --向 8 位数据总线赋值
    END   PROCESS   CPU;                           --CPU 工作进程结束
    MEM：PROCESS                                    --RAM 工作进程开始
        BEGIN
        …
        databus<=memory;
    END   PROCESS   MEM;
        …
```

描述总线信号，使用 STD_LOGIC_VECTOR 是方便的，但需注意的是总线中的每一个信号都必须定义为同一种 STD_LOGIC 数据类型。

3. 其它预定义标准数据类型

VHDL 综合工具配备的扩展程序包中，还定义了一些有用的数据类型，如 Synopsys 公司在 IEEE 库中加入的程序包 STD_LOGIC_ARITH 中定义了无符号型(UNSIGNED)、有符号型(SIGNED)、小整型(SMALL_INT)数据：

TYPE　UNSIGNED　IS　ARRAY(NATURAL　RANGE <>)OF　STD_LOGIC；

TYPE　SIGNED　IS　ARRAY(NATURAL　RANGE<>) OF　STD_LOGIC；

SUBTYPE　SMAIL_INT　IS　INTEGER　RANGE　0 TO 1；

如果将信号或变量定义为这三种数据类型，就可以使用程序包 STD_LOGIC_ARITH 中定义的运算符。在使用之前，请注意必须加入下面的语句：

LIBRARY IEEE;

USE IEEE.STD_LOGIC_ARITH.ALL;

UNSIGNED　类型和　SIGNED　类型是用来设计可综合的数学运算程序的重要类型，UNSIGNED 用于无符号数的运算。在实际运用中，多数运算都需要用到它们。

在 IEEE 程序包中，NUMERIC_STD 和 NUMERIC_BIT 程序包中也定义了 UNSIGNED 及 SIGNED 数据类型，NUMERIC_STD 是针对于 STD_LOGIC 型定义的，而 NUMERIC_BIT 是针对于 BIT 型定义的。此外，程序包中还定义了相应的运算符重载函数。有些综合器没有附带 STD_LOGIC_ARITH 程序包，此时只能使用 NUMERIC_STD 和 NUMERIC_BIT 程序包。

在 STANDARD 程序包中没有定义 STD_LOGIC_VECTOR 的运算符，而整数类型一般只在仿真的时候用来描述算法，因此 UNSIGNED 和 SIGNED 的使用率是很高的。

(1) 无符号数据类型(UNSIGNED TYPE)。UNSIGNED 数据类型代表一个无符号的数值，在综合器中，这个数值被解释为一个二进制数，这个二进制数最左边是其最高位。例如，十进制的 8 可以表示如下：

UNSIGNED ("1000")

如果要定义一个变量或信号的数据类型为 UNSIGNED，则其位矢量长度越长，所能代表的数值就越大。不能用 UNSIGNED 定义负数。以下是两则无符号数据定义的示例：

【例 4-10】

　　VARIABLE VAR：UNSIGNED(0 TO 10);

SIGNAL SIG：UNSIGNED(5 DOWNTO 0);

其中，变量 VAR 有 11 位数值，最高位是 VAR(0)，而非 VAR(10)；信号 SIG 有 6 位数值，最高位是 SIG(5)。

(2) 有符号数据类型(SIGNED TYPE)。SIGNED 数据类型代表一个无符号的数值，综合器将其解释为补码，此数的最高位是符号位。例如：SIGNED ("1011")代表+5，SIGNED ("1101")代表-5。

若将例 4-10 中的 VAR 定义为 SIGNED 数据类型，则数值意义就不同了。如：

VARIABLE VAR：SIGNED(0 TO 10)；

其中，变量 VAR 有 11 位，最左位 VAR(0)是符号位。

4.3.3 用户定义的数据类型

VHDL 允许用户自定义新的数据类型，如枚举类型(ENUMERATION TYPE)、整数类型(INTEGER TYPE)、数组类型(ARRAY TYPE)、记录类型(RECORD TYPE)、时间类型(TIME TYPE)、实数类型(REAL TYPE)等。用户自定义数据是用类型定义语句 TYPE 和子类型定义语句 SUBTYPE 实现的，以下将介绍这两种语句的使用方法。

1. TYPE 语句

TYPE 语句的语法结构如下：

TYPE 数据类型名 IS 数据类型定义[OF 基本数据类型];

其中，数据类型名由设计者自定；数据类型定义部分用来描述定义数据类型的表达方式和表达内容；关键词 OF 后的基本数据类型是指数据类型定义的元素的基本数据类型，一般都是取已有的预定义数据类型，如 BIT、STD_LOGIC 或 INTEGER 等。例如：

TYPE ST1 IS ARRAY(0 TO 15) OF STD_LOGIC;

该句定义的数据 ST1 是一个具有 16 个元素的数组型数据，数组中的每一个元素的数据类型都是 STD_LOGIC 型。

在 VHDL 中，任一数据对象(SIGNAL、VARIABLE、CONSTANT)都必须归属某一数据类型，只有同数据类型的数据对象才能进行相互作用。利用 TYPE 语句可以完成各种形式的自定义数据类型以供不同类型的数据对象间的相互作用和计算。

2. SUBTYPE 语句

子类型 SUBTYPE 只是由 TYPE 所定义的原数据类型的一个子集，它满足原始数据类型的所有约束条件，原数据类型称为基本数据类型。子类型 SUPTYPE 的语句格式如下：

SUBTYPE 子类型名 IS 基本数据类型 RANGE 约束范围;

子类型的定义只在基本数据类型上作一些约束，并没有定义新的数据类型。子类型定义中的基本数据类型必须是已经存在的数据类型。

【例 4-11】 SUBTYPE DIGITS IS INTEGER RANGE 0 TO 9;

其中，INTEGER 是标准程序包中已定义过的数据类型，子类型 DIGITS 只是把 INTEGER 约束为只含 10 个值。

由于子类型与其基本数据类型属同一数据类型，因此属于子类型的和属于基本数据类型的数据对象间的赋值和被赋值可以直接进行，不必进行数据类型的转换。

利用子类型定义数据对象，可以提高程序的可读性和易处理性，还有利于提高综合的优化效率，这是因为综合器可以根据子类型所设的约束范围，有效地推知参与综合的寄存器最合适的数目。

3. 枚举类型

枚举类型是 TYPE 的特殊用法，VHDL 中的枚举数据类型用文字符号来表示一组实际的二进制的类型(若直接用数值来定义，则必须使用单引号)。例如状态机的每一状态在实际电路中虽然是以一组触发器的当前二进制数位的组合来表示的，但设计者在状态机的设计中，为了便于阅读和编译，往往将表征每一状态的二进制数组用文字符号来表示。

【例 4-12】

TYPE   M_STATE   IS(STATE1，STATE2，STATE3，STATE4，STATE5)；

SIGNAL   CURRENT_STATE，NEXT_STATE：M_STATE；

TYPE WEEK IS (SUN, MON, TUE, WED, THU, FRI, SAT)；

在这里，信号 CURRENT_STATE 和 NEXT_STATE 的数据类型定义为 M_STATE，它们的取值范围是可枚举的，即从 STATE1～STATE5 共 5 种，代表 5 组惟一的二进制数值。"WEEK"也是一个枚举类型，定义了 7 种取值，表示周日至周六。

在综合过程中，枚举类型文字元素的编码通常是自动的，编码顺序是默认的，一般将第一个枚举量(最左边的量)编码为 0，以后的依次加 1。综合器在编码过程中自动将第一枚举元素转变成位矢量，位矢量的长度取所需表达的所有枚举元素的最小值。如例 4-12 中设用于表达 5 个状态的矢位长度为 3，编码默认值如下：

STATE1='000'；STATE2='001'；STATE3='010'；STATE4='011'；STATE5='100'

它们的数值顺序为 STATE1＜STATE2＜STATE3＜STATE4＜STATE5。一般而言，编码方法因综合器不同而不同。

为了某些特殊的需要，编码顺序也可以人为设置。

4. 整数自定义类型和实数自定义类型

整数和实数的数据类型在标准的程序包中已作定义，但在实际应用中，特别在综合中，由于这两种非枚举数据类型的取值定义范围太大，综合器无法进行综合，因而定义为整数或实数的数据对象的具体数据类型必须由用户根据实际需要重新定义，并限定其取值范围，以便能为综合器所接受，从而提高芯片资源的利用率。这种定义其实也是 SUBTYPE 的特殊用法。

实际应用中，VHDL 仿真器通常将整数或实数类型的数据作为有用符号数处理。VHDL 综合器对整数或实数的编码方法是：

(1) 对用户已定义的数据和子类型中的负数，编码为二进制补码；

(2) 对用户已定义的数据和子类型中的正数，编码为二进制原码。

编码的位数即综合后信号线的数目只取决于用户定义的数值的最大值。在综合中，以浮点数表示的实数将首先转换成相应数值大小的整数。因此在使用整数时，VHDL 综合器要求使用数值限定关键词 RANGE，对整数的使用范围作明确的限制。

【例 4-13】

　　　　　数据类型定义　　　　　　　　　　　　　综合结果

　TYPE   N1   IS   RANGE   0 TO 100；　　　　　　--7 位二进制原码

TYPE　N2　IS　RANGE　10 TO 100;　　　　　　　--7位二进制原码

TYPE　N3　IS　RANGE　−100 TO 100;　　　　　　--8位二进制补码

SUBTYPE　N4　IS　N3　RANGE　0 TO 6;　　　　--3位二进制原码

5. 数组类型

数组类型属复合型数据类型，是指将一组具有相同数据类型的元素集合在一起，作为一个数据对象来处理。数组可以是一维(每个元素只有一个下标)数组或多维数组(每个元素有多个下标)。VHDL仿真器支持多维数组，但综合器只支持一维数组。

数组的元素可以是任何一种数据类型，用以定义数组元素下标范围的子句决定了数组中元素的个数以及元素的排序方向，如子句"0 TO 7"是由低到高排序的8个元素，"15 DOWNTO 0"是由高到低排序的16个元素。

VHDL允许定义两种不同类型的数组，即限定性数组和非限定性数组。它们的区别是，限定性数组下标的取值范围在数组定义时就被确认了，而非限定性数组下标的取值范围需留待随后根据具体数据对象再确定。

(1) 限定性数组的定义语句格式如下：

TYPE　数组名 IS ARRAY(数组范围) OF 数据类型；

其中，数组名是新定义的限定性数组类型的名称，可以是任何标识符，其类型与数组元素相同；数组范围明确指出数组元素的数量和排序方式，以整数来表示其下标；数据类型即指数组各元素的数据类型。

【例4-14】TYPE　STB　IS　ARRAY(7 DOWNTO 0) OF　STD_LOGIC；

这个数组类型的名称是STB，它有8个元素，其下标排序为7～0，各元素的排序是STB(7)～STB(0)。

(2) 非限定性数组的定义语句格式如下：

TYPE　数组名　IS ARRAY(数组下标名　RANCE<>) OF　数据类型；

其中，数组名是定义的非限定性数组类型的名称；数组下标名是以整数类型设定的一个数组下标名称；符号"<>"是下标范围待定符号，用到该数组类型时，再填入具体的数值范围；数据类型是数组中每一元素的数据类型。比如STD_LOGIC_VECTOR的定义语句为"TPYE STD_LOGIC_VECTOR IS ARRAY(NATURAL　RANGE<>) OF　STD_LOGIC"，这其实也是非限定性数组的定义语句。

6. 记录类型

由已定义的、数据类型不同的对象元素构成的数组称为记录类型的对象。定义记录类型的语句格式如下：

TYPE 记录类型名 IS RECORD

　　　元素名：元素数据类型；

　　　元素名：元素数据类型；

...

END　　RECORD [记录类型名]；

【例4-15】

　　　TYPE RECDATA IS RECORD　　　　　　　　--将RECDATA定义为四元素记录类型

ELEMENT1：TIME；	--将元素 ELEMENT1 定义为时间类型
ELEMENT2：TIME；	--将元素 ELEMENT2 定义为时间类型
ELEMENT3：STD_LOGIC；	--将元素 ELEMENT3 定义为标准位类型
END RECORD；	

　　对记录类型的数据对象进行赋值，可以整体赋值，也可以对其中的单个元素进行赋值。在使用整体赋值方式时，有位置关联方式和名字关联方式两种表达方式。如果使用位置关联方式，则默认为元素赋值的顺序与记录类型声明的顺序相同。如果使用了 OTHERS 选项，则至少应有一个元素被赋值；如果有两个或更多的元素由 OTHERS 选项来赋值，则这些元素必须具有相同的类型。此外，如果有两个或两个以上的元素具有相同的元素和相同的子类型，就可以将其以记录类型的方式放在一起定义。

　　【例 4-16】利用记录类型定义一个微处理器命令信息表。

```
TYPE   REGNAME IS(AX，BX，CX，DX)；
TYPE   OPERATION  IS  RECORD
  OPSTR：STRING(0 to 9)；
  OPCODE：BIT_VECTOR(3 DOWNTO 0)；
  OP1,OP2,RES: REGNAME；
END   RECORD OPERATION；
…
VARIABLE    INSTR1，INSTR2：OPERATION；
…
INSTR1:=("ADD AX，BX"，"0001"，AX ，  BX，AX)；
INSTR2:=("ADD AX，BX"，"0010"，OTHERS => BX)；
VARIABLE    INSTR3：OPERATION；
…
INSTR3.OPSTR:="MUL AX，BX"；
INSTR3.OP1:=AX；
```

　　本例中定义的记录 OPERATION 共有五个元素：一个是加法指令码的字符串 OPSTR，一个是 4 位操作码 OPCODE，另三个是枚举型数据 OP1、OP2、RES(其中 OP1 和 OP2 是操作数，RES 是目标码)。例中定义的变量 INSTR1 的数据类型是记录型 OPERATION，它的第一个元素是加法指令字符串"ADD， AX   BX"；第二个元素是此指令的 4 位命令代码"0001"；第三、第四个元素为 AX 和 BX；AX 和 BX 相加后的结果送入第五个元素 AX，因此这里的 AX 是目标码。

　　语句"INSTR3，OPSTR：= "MUL   AX ，BX"；"赋给 INSTR3 中的元素 OPSTR。一般来说，对于记录类型的数据对象进行赋值时，就在记录类型对象名后加 "."，再加赋值元素的名称。

　　若记录类型中的每一个元素仅为标量型数据类型，则称为线性记录类型，否则为非线性记录类型。只有线性记录类型的数据对象都是可综合的。

7. 数据类型转换

VHDL 是一种强类型语言，因此不同数据类型的数据对象在相互操作时，需要进行数据类型转换。

(1) 类型转换函数方式。类型转换函数的作用就是将一种属于某种数据类型的数据对象转换成属于另一种数据类型的数据对象。

【例 4-17】

```
        LIBRARY   IEEE:
            USE IEEE STD_LOGIC_1164. ALL;
            ENTITY CNT4 IS
            PORT(CLK:IN STD_LOGIC; P:INOUT STD_LOGIC_VECTOR(3 DOWNTO 0));
        END ENTITY CNT4;


        LIBRARY DATAIO;
        USE DATAIO.STD_LOGIC_OPS.ALL
        ARCHITECTURE ART OF CNT4 IS
            BEGIN
            PROCESS(CLK) IS
                BEGIN
                IF CLK="1"AND CLK'EVENT THEN
                P<=TO_VECTOR(2,TO_INTEGER(P)+1);
                END IF;
            END   PROCESS;
        END ARCHITECTURE ART;
```

此例中利用了 DATAIO 库中的程序包 STD_LOGIC_OPS 中的两个数据类型转换函数：TO_VECTOR（将 INTEGER 转换成 STD_LOGIC_VECTOR）和 TO_INTEGER（将 STD_LOGIC_VECTOR 转换成 INTEGER）。通过这两个转换函数，就可以使用"+"运算符进行直接加 1 操作了，同时又能保证最后的加法结果是 STD_LOGIC_VECTOR 数据类型。

利用类型转换函数来进行类型转换需定义一个函数，使其参数类型为被转换的类型，返回值为转换后的类型。在实际运用中经常使用类型转换函数，VHDL 的标准程序包中提供了一些常用的转换函数，见表 4-1。

表 4-1 转 换 函 数 表

函　　　数	说　　　明
STD_LOGIC_1164 包	
TO_STDLOGICVECTOR(A)	由 BIT_VECTOR 转换成 STD_LOGIC_VECTOR
TO_BITVECTOR(A)	由 STD_LOGIC_VECTOR 转换成 BIT_VECTOR
TO_LOGIC(A)	由 BIT 转换成 STD_LOGIC
TO_BIT(A)	由 STD_LOGIC 转换成 BIT
STD_LOGIC_ARITH 包	
CONV_STD_LOGIC_VECTOR(A,位长)	由 INTEGER、UNSIGNED 和 SIGNED 转换成 STD_LOGIC_VECTOR
CONV_INTEGER(A)	由 UNSIGNED 和 SIGNED 转换成 INTEGER
STD_LOGIC_UNSIGNED 包	
CONV_INTEGER	由 STD_LOGIC_VECTOR 转换成 INTEGER

(2) 直接类型转换方式。直接类型转换的一般语句格式是：

数据类型标识符(表达式)

一般情况下，直接类型转换仅限于非常关联(数据类型相互间的关联性非常大)的数据类型之间，且必须遵守以下规则：

① 所有的抽象数字类型是非常关联的类型(如整型、浮点型)，如果浮点数转换为整数，则转换结果是最近的一个整型数。

② 如果两个数组有相同的维数，两个数组的元素是同一类型，并且在各处的下标范围内索引是同一类型或非常接近的类型，那么这两个数组是非常关联类型。

③ 枚举型不能被转换。

如果类型标识符所指的是非限定数组，则结果会将被转换的数组的下标范围去掉，即成为非限定数组。如果类型标识符所指的是限定性数组，则转换后的数组的下标范围与类型标识符所指的下标范围相同。转换结束后，数组中元素的值等价于原数组中的元素值。

【例 4-18】

```
VARIABLE DATAC，PARAMC：INTEGER RANGE 0 TO 255
...
DATAC:=INTEGER(74.94*REAL(PARAMC));
```

4.4　VHDL 的数据对象

在 VHDL 语言中，数据对象(Data Objects)也叫做 VHDL 语言的客体，它类似于一种容器，接收不同数据类型的赋值。VHDL 语言是一种硬件描述语言，它描述硬件电路的工作情况。硬件电路的工作过程实际上是信号变化及传输的过程，所以 VHDL 语言的基本数据对象就是信号(SIGNAL)。除了信号外，VHDL 语言还有三种数据对象，分别为常量(CONSTANT)、变量(VARIABLE)和文件(FILE)。在电子电路中，这四类数据对象都具有一定的含义。信号对应地代表物理设计中的一条硬件连线；常量代表数字电路中的电源和地等；变量一般用来表示进行数据暂时存储的载体；文件是传输大量数据的一种特殊的数据对象，这是在 VHDL 93 标准中新通过的，它在 TEXTIO 描述语句中详细说明。

4.4.1　常量

常量是指在 VHDL 程序中一经定义后就不再发生变化的值，它可以在很多区域中进行说明。在编写 VHDL 程序的过程中，设计人员经常把在 VHDL 程序中多处使用的数值设计为一个常量，以后如果需要修改这个数值，仅修改这个常量就可以了。常量在使用之前必须进行说明，其描述格式如下：

CONSTANT 常量名[,常量名，…]：数据类型　　[约束条件] [:=初始值];

其中，[]表示可选项。

【例 4-19】

```
CONSTANT    fbus:BIT_VECTOR:="010115";         --位矢量数据类型
CONSTANT    vcc:REAL:=5.0;                      --实数数据类型
CONSTANT    delay:TIME:=15 ns;                  --时间数据类型
```

　　常量定义说明语句所允许的设计单元有实体、结构体、程序包、块、进程和子程序等。常量在程序包中进行定义后，所有调用该程序包的 VHDL 程序都可以使用该常量，常量具有最大的全局化特征。在程序包中进行定义时，常量的数值在包首中可以先不进行定义，而把该数值在包体中进行定义，也可以在包首中定义完整的常量语句，具体应用请参考程序包的章节。如果在实体中进行定义，则常量在该实体所对应的所有结构体中都有效；如果在结构体中定义，则常量仅在该结构体中有效；如果在进程与子程序中定义常量，则其仅在该进程与子程序中有效。

4.4.2　信号

　　信号是描述硬件系统的基本数据对象，它类似于硬件的连接线。信号可以作为设计实体中并行语句模块间的信息交流通道。在多个进程、多个子程序之间及进程、子程序与外部设备间进行通信时要进行信号传递。信号通常在结构体、程序包和实体中进行定义。信号具有全局量的性质。信号定义的格式如下：

　　　　SIGNAL　信号名[，信号名，…]：数据类型　　[约束条件] [:=初始值]；

【例 4-20】
　　　　SIGNAL a: INTEGER RANGE 0 TO 15;
　　　　SIGNAL flaga,flagb:BIT;
　　　　SIGNAL data:STD_LOGIC_VECTOR(7 DOWNTO 0):="11000110";

　　在程序中给信号赋的初始值仅在仿真时有效，不能用于综合，因为电路在上电后并不能保证它的初始状态是什么。信号值的代入使用符号"<="，信号代入时可以产生附加延时。

【例 4-21】
　　　　a<=10;
　　　　flag<='1';
　　　　data<="10110110" AFTER 10 ns;

　　事实上，除了没有方向说明以外，信号与实体的端口(PORT)概念是一致的。信号可以看成是实体内部的端口，用于描述一部分电路与另一部分电路的信号连接情况。在 VHDL 程序中，实体中所定义的端口都可以作为信号来处理，但要注意它的方向。

　　信号的使用和定义范围包括实体、结构体和程序包。在进程和子程序中不允许定义信号。信号可以有多个驱动源，或者说赋值信号源。

　　在进程中，只能将信号列入敏感表，而不能将变量列入敏感表，可见进程只对信号敏感，而对变量不敏感。

　　当信号定义了数据类型和表达方式后，在 VHDL 设计中就能对信号进行赋值了。信号的赋值语句表达式如下：

　　　　目标信号名<=表达式；

赋值语句的详细用法见后续章节。

4.4.3　变量

　　变量(VARIABLE)是一个局部量，只能在进程、子程序中进行定义和使用，可以进行多次赋值。在仿真过程中，变量不像信号那样到了规定的时间才能赋值，变量的赋值是立即生效的，所以变量赋值时不能附加延时语句。变量定义的格式如下：

　　VARIABLE　变量名[，变量名，…]：数据类型　[约束条件] [:=初始值];

【例 4-22】

　　　　VARIABLE　x,y:STD_LOGIC_VECTOR(7 DOWNTO 0);

　　　　VARIABLE count:INTEGER RANGE 0 TO 255:=10;

　　变量作为局部量，其适用范围仅限于定义了变量的进程或子程序中。在仿真过程中变量的初始值仅在仿真时有效，综合时将略去所有的初始值。变量赋值格式如下：

　　目标变量名:=表达式;

　　变量数值的改变是通过变量赋值来实现的，赋值语句右方的表达式必须是一个与目标具有相同数据类型的数值，这个表达式可以是一个运算表达式，也可以是一个数值。通过赋值操作，变量的值立即改变。变量赋值语句左边的目标变量可以是单值变量，也可以是一个变量的集合，即数组型变量。下面是一个变量赋值的例子，请注意变量赋值时数据类型的一致性。

【例 4-23】

　　　　VARIABLE　x, y:INTEGER RANGE 0 TO 255;

　　　　VARIABLE　a, b :BIT_VECTOR(0 TO 7);

　　　　…

　　　　x:=100;

　　　　y:=20+x;

　　　　a:="10101001";

　　　　b:= "11001100";

　　　　a:=b;

　　　　a(3 TO 6):=('1', '1', '0', '1');

　　　　a(0 TO 5):=b(2 TO 7);

　　　　a(7):= '0';

　　　　…

4.4.4　信号与变量的区别

　　信号与变量是经常使用的两种数据对象，两者有很大的区别，归纳起来主要有：

　　(1) 赋值语句不同，信号赋值的符号为"<="，而变量为":="。

　　(2) 通常变量的值可以给信号赋值，但信号的值却不能给变量赋值。

　　(3) 信号是全局量，是一个实体各部分之间以及实体之间进行通信的载体；而变量是一个局部量，只允许定义并作用在进程和子程序中，如果要把变量的值从它定义的区间传输出去，必须先把该变量赋值给一个信号，通过信号把值传输出去。

　　(4) 信号可以作为进程的敏感信号，但是变量却不可以作为进程的敏感信号，让进程启动，至少要有一个敏感信号发生变化。

　　(5) 操作过程不相同。在变量的赋值语句中，该语句一旦执行，变量立刻被赋予新值，在执行下一条语句时，该变量的值就用新赋的值参与运算；而在信号赋值语句中，该语句虽然已经被执行，但信号值并没有立即改变，因此下一条语句执行时，仍然使用原来的信号值。在结构体的并行语句中，不允许信号被赋值一次以上。在进程中，若对同一个信号赋值超过两次，则编译将会给出警告，指出只有最后一次赋值有效。

【例 4-24】

```
ENTITY count8 IS
port(clk: IN BIT;
     count: OUT INTEGER RANGE 0 TO 7;
     carryout:OUT BIT);
END count8;
ARCHITECTURE rtl OF count8   IS
SIGNAL count1:INTEGER RANGE 0 TO 7;
BEGIN
    PROCESS(clk)
    BEGIN
        IF (clk'event AND clk='1') THEN
            count1 <= count1 + 1;
            IF(count1=0) THEN
                carryout <= '1';
            ELSE
                carryout <= '0';
            END IF;
        END IF;
    END PROCESS;
    count<=count1;
END rtl;
```

仿真出来的波形如图 4-1 所示。

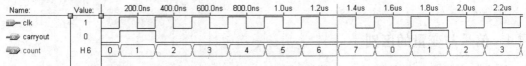

图 4-1　例 4-24 仿真的波形

如果把例 4-24 中的信号改成变量，程序如下：

```
ENTITY count8 IS
PORT(clk: IN BIT;
     count: OUT INTEGER RANGE 0 TO 7;
     carryout:OUT BIT);
END count8;


ARCHITECTURE rtl OF count8   IS
```

```
BEGIN
    PROCESS(clk)
    VARIABLE count1:INTEGER RANGE 0 TO 7;
    BEGIN
        IF (clk'event AND clk='1') THEN
            count1 := count1 + 1;
            IF(count1=0) THEN
                carryout <= '1';
            ELSE
                carryout <= '0';
            END IF;
        END IF;
        count<=count1;
    END PROCESS;
    END rtl;
```

仿真出的波形如图 4-2 所示。

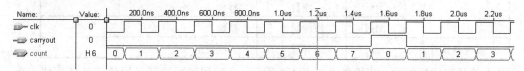

图 4-2　例 4-24 信号改为变量后仿真的波形

4.5　运算操作符

在 VHDL 中共有 4 类运算操作符，即逻辑操作符(Logical Operator)、关系操作符 (Relational Operator)、算术操作符 (Arithmetic Operator) 和并置操作符 (Concatenation Operator)，如表 4-2 所示。在 VHDL 语言中，操作数的类型应该和操作符所要求的类型相一致，并且基本操作符间的操作数必须是同类型的。表 4-2 右栏已大致列出了各种操作符所要求的数据类型。

表 4-2　运 算 操 作 符

类　　型	操作符	功　能	操作数数据类型
逻辑操作符	AND	逻辑与	位、标准逻辑位、布尔类型
	OR	逻辑或	位、标准逻辑位、布尔类型
	NAND	逻辑与非	位、标准逻辑位、布尔类型
	NOR	逻辑或非	位、标准逻辑位、布尔类型
	XOR	逻辑异或	位、标准逻辑位、布尔类型
	NOT	逻辑非	位、标准逻辑位、布尔类型

类　型	操作符	功　能	操作数数据类型
关系操作符	=	等号	任何数据类型
	/=	不等号	任何数据类型
	<	小于	枚举与整数类型，对应的一维数组
	>	大于	枚举与整数类型，对应的一维数组
	<=	小于等于	枚举与整数类型，对应的一维数组
	>=	大于等于	枚举与整数类型，对应的一维数组
算术操作符	+	加	整数
	－	减	整数
	+	正(符号运算)	整数
	－	负(符号运算)	整数
	*	乘	整数和实数(包括浮点数)
	/	除	整数和实数(包括浮点数)
	MOD	取模	整数
	REM	取余	整数
	**	指数	整数
	ABS	取绝对值	整数
并置操作符	&	并置	一维数组

操作符是有优先级的，其优先级如表 4-3 所示，在编程时要注意各操作符的优先级，为了保险起见可多用括号。

表 4-3　VHDL 操作符的优先级

运　算　符	优　先　级
NOT, ABS, **	高（↑）
*, /, MOD, REM	
+(正号), －(负号)	
+(加), －(减), &	低
=, /=, <, <=, >, >=	
AND, OR, NAND, NOR, XOR, XNOR	

4.5.1　逻辑操作符

由表 4-3 知，逻辑操作符可以对位、标准逻辑位和布尔类型的数据进行操作，要求运算符左右的数据类型必须相同。当一个语句中存在两个以上的逻辑表达式时，在一般的高级语言中运算按自左至右的顺序进行，而在 VHDL 语言中，如果逻辑关系不能确定，必须要加上括号确定各运算的优先顺序。

【例 4-25】

```
x<=(a AND b) OR (NOT c AND d);    --NOT 优先级最高，所以在 NOT c 处可以不加括号
x<=b AND a AND d AND e;           --不会引起逻辑关系变化，可以不加括号
x<=b OR c OR d OR e;              --不会引起逻辑关系变化，可以不加括号
```

```
x<=a XOR d XOR e;                --不会引起逻辑关系变化，可以不加括号
a<=(x1 AND x2) OR (y1 AND y2);   --不加括号会引起逻辑关系变化，一定要加括号
```

4.5.2　关系操作符

应该注意小于等于(<=)和代入运算符(<=)的不同(从上下文区别)。两个对象进行比较时，数据类型一定要相同。=(等于)和/=(不等于)适用于所有数据类型对象之间的比较；大于、小于、大于等于、小于等于适用于整数、实数、位矢量及数组类型的比较；两个位矢量对象比较时，类型一定要一致，但长度可以不相同，在比较时，某些低版本的 EDA 工具的编译器从最左的位开始，自左至右按位进行比较从而得出最终比较结果。

【例 4-26】

```
SIGNAL a:STD_LOGIC_VECTOR(3 DOWNTO 0);
SIGNAL b:STD_VECTOR(2 DOWNTO 0);
…
a<="1010";                --10
b<="111";                 --7
…
IF(a>b) THEN
…
ELSE
…
END IF
```

上例中，a 值为 10，而 b 值为 7，a 应该比 b 大，但是因为某些低版本的 EDA 工具的编译器比较是自左至右进行的，最左边的位都是'1'，所以比较次左边的值时发现 b 对应的位为'1'，而 a 对应的位为'0'，所以最终得出 a<b 的结论。目前，大多数 EDA 工具的编译器在比较不同长度的位矢量时，会自动在位数少的数据左边补上零，从而使长度一致，得出正确的结果。

4.5.3　算术操作符

在算术运算符中，赋值语句两边的数据位长应一致，否则编译时将会出错。比如在对 STD_LOGIC_VECTOR 进行加、减运算时，要求操作数两边的操作数和运算结果的位长相同，否则编译时将会给出语法出错信息。

正常情况下，标准逻辑位是不允许进行算术运算的，但是在设计电路时经常会对标准逻辑位矢量进行加、减运算，为了使设计变得方便快捷，为了方便各种不同数据类型间的运算，VHDL 还允许用户对原有的基本操作符重新定义，赋予新的含义和功能，从而建立一种新的操作符，即重载操作符(Overloading Operator)。定义这种重载操作符的函数称为重载函数。事实上，在程序包 STD_LOGIC_UNSIGNED 中已定义了多种可供不同数据类型间操作的算符重载函数，其中 STD_LOGIC_SIGNED 包集合定义了有符号数的操作符，而程序包 STD_LOGIC_UNSIGNED 包集合定义了无符号数的操作符。Synopsys 的程序包 STD_LOGIC_ARITH、STD_LOGIC_UNSIGNED 和 STD_LOGIC_SIGNED 中已经为许多类型的运算重载了算术操作符和关系操作符，只要引用这些程序包，即可在 SIGNED、

UNSIGNED、STA_LOGIC 和 INTEGER 之间进行混合运算，在 INTEGER、STD_LOGIC 和 STD_LOGIC_VECTOR 之间也可以进行混合运算。

在算术操作符中，乘与除的数据类型是整数和实数(包括浮点数)。在一定条件下还可对物理类型的数据对象进行运算操作。

虽然在一定条件下，乘法和除法运算是可以综合的，但从优化综合、节省芯片资源的角度出发，最好不要轻易使用乘、除操作符，可以用其它变通的方法来实现乘、除运算。

操作符 MOD 和 REM 的本质与除法操作符是一样的，可综合的取模和取余的操作数必须是以 2 为底数的幂。MOD 和 REM 的操作数数据类型只能是整数，运算结果也是整数。

符号操作符"+"和"−"的操作数只有一个，操作数的数据类型是整数。操作符"+"对操作数不作任何改变；操作符"−"作用于操作数的返回值是对原操作数取负。在实际使用中，取负操作数需加括号，如 Z=X*(−Y)。

VHDL 规定，乘方操作符"**"和取绝对值操作符"ABS"的操作数数据类型一般为整数类型。乘方(**)运算的左边可以是整数或浮点数，但右边必须为整数，而且只有在左边为浮点时其右边才可以为负数。一般地，VHDL 综合器要求乘方操作符作用的操作数的底数必须是 2。

六种移位操作符号 SLL、SRL、SLA、SRA、ROL 和 ROR 都是 VHDL93 标准新增的运算符。VHDL93 标准规定移位操作符作用的操作数的数据类型应是一组数组，并要求数组中的元素必须是 BIT 或 BOOLEAN 数据类型，移位的位数为整数。在 EDA 工具所附的程序包中重载了移位操作符以支持 STD_LOGIC_VECTOR 及 INTEGER 等类型。移位操作符左边可以是其所支持的各类型数据，右边则必定是 INTEGER 型数据。如果操作符右边是 INTEGER 型常数，则移位操作符实现起来比较节省硬件资源。

SLL 的功能是将矢量向左移，右边跟进的位补零；SRL 的功能恰好与 SLL 相反。ROL 和 ROR 移位方式稍有不同，它们移出的位将依次填补移空的位，执行的是自循环式移位方式。SLA 和 SRA 是算术移位操作符，其移空位用最初的首位即符号位来填补。

移位操作符的语句格式是：

标识符号　　移位操作符号　移位位数；

【例 4-27】

```
VARIABLE   a:STD_LOGIC_VECTOR(6 DOWNTO 0):="1001001";
a SLL 1;                 --a="0010010"
a SRL 1;                 --a="0100100"
a SLA 1;                 --a="0010011"
a SRA 1;                 --a="1100100"
a ROL 1;                 --a="0010011"
a ROR 1;                 --a="1100100"
```

4.5.4　并置操作符

VHDL 并置操作符提供了一种并置操作，它的符号如下所示：

　　& --用来进行位和位矢量的连接运算

这里，所谓位和位矢量的连接运算是指将并置操作符右边的内容接在左边的内容之后以形成一个新的位矢量。通常采用并置操作符进行连接的方式很多，既可以将两个位连接起来形成一个位矢量，也可以将两个位矢量连接起来以形成一个新的位矢量，还可以将位矢量和位连接起来形成一个新的矢量。例如：

【例 4-28】

　　　SIGNAL a, b:std_logic;

　　　SIGNAL c: std_logic_vector (1 DOWNTO 0);

　　　SIGNAL d, e: std_logic_vector (3 DOWNTO 0);

　　　SIGNAL f: std_logic_vector (5 DOWNTO 0);

　　　SIGNAL g: std_logic_vector (7 DOWN TO 0);

　　　c<=a & b; --两个位连接

　　　f <= a & d; --位和一个位矢量连接

4.6　实训：设计 2 选 1 数据选择器

一、实训内容

运用 VHDL 语言设计 2 选 1 数据选择器。

二、实训目的

(1) 学会运用 Quartus II 软件的 VHDL 语言设计数字电路。

(2) 初步掌握运用 VHDL 语言设计数字电路的方法。

(3) 掌握 Quartus II 软件的使用步骤。

(4) 掌握信号与变量的使用。

三、实训原理

2 选 1 数据选择器有 2 个信号输入端和 1 个选择信号控制端、1 个选择信号输出端，其真值表如表 4-4 所示。当 sel=1 时，输出为 d1；当 sel=0 时，输出为 d0。

表 4-4　2 选 1 数据选择器真值表

d0	d1	sel	q
0	0	0	0
0	0	1	0
0	1	0	0
0	1	1	1
1	0	0	1
1	0	1	0
1	1	0	1
1	1	1	1

由真值表得出：q=((NOT sel) AND d0) OR (sel AND d1)。

四、实训内容

(1) 用 VHDL 语言设计 2 选 1 数据选择器。

(2) 检查编译，直到没有错误。

(3) 运用 Quartus Ⅱ 软件进行仿真，并分析时延。

(4) 根据 EDA 实验开发系统选择对应的芯片，锁定引脚，并下载验证。

五、实训步骤

打开 Quartus Ⅱ 软件(参见 3.4 节)，进入"New"对话框，在输入文件的类型中选择 VHDL 文件，如图 4-3 所示。单击"OK"按钮，生成如图 4-4 所示的界面，输入 VHDL 源程序。

图 4-3　选择 VHDL 文件类型

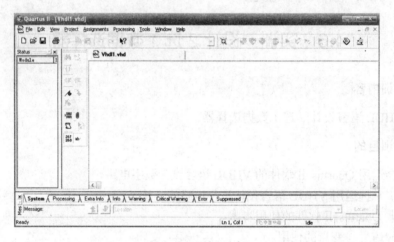

图 4-4　VHDL 输入界面

保存文件的界面如图 4-5 所示，选择"保存"按钮即可保存，注意保存的文件名要与实体名一致。文件要保存到一个文件夹中，后缀必须是".vhd"。

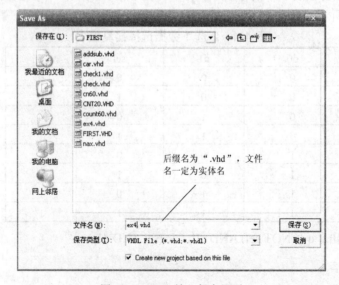

图 4-5　VHDL 输入保存界面

六、器件下载编程与硬件实现

在做硬件测试时，选择两个按键作为两个数据输入信号，用一个按键作为地址信号输入，用一个 LED 灯作为数据输出指示显示，通过改变地址信号与数据信号观察对应的输出指示灯是否亮。其对应的表格如表 4-5 所示。

表 4-5　硬件对应示意表

输　　入			输　　出
d0(按键 1)	d1(按键 2)	sel(按键 3)	Q(LED)
0	0	0	灭
0	0	1	灭
0	1	0	灭
0	1	1	亮
1	0	0	亮
1	0	1	灭
1	1	0	亮
1	1	1	亮

注："0" 表示按键没有按下，"1" 表示按键按下。

实训的硬件结构示意图如图 4-6 所示。

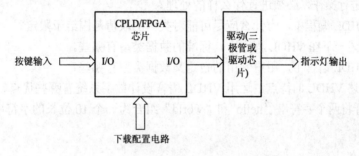

图 4-6　数据选择器对应的硬件示意图

七、实训报告

(1) 说明实训项目的工作原理、所需要的器材。

(2) 写出设计的源程序，并进行解释。

(3) 列出软件仿真结果，并进行分析。

(4) 说明硬件原理与测试情况。

(5) 写出心得体会。

八、参考源程序

```
LIBRARY IEEE;
USE IEEE.STD_LOGIC_1164.ALL;
ENTITY ex4 IS
PORT(sel,d0,d1:IN STD_LOGIC;
    q:OUT STD_LOGIC);
```

END ex4;

ARCHITECTURE a OF ex4 IS

BEGIN

q<=((NOT sel) AND d0) OR (sel AND d1);

END a;

习　题

4.1　判断下列 VHDL 标识符是否合法，如果有误请指出原因。

16#0FA#，10#12F#，8#789#，8#356#，2#0101010#，74HC245，\74HC574\，CLR/RESET，\IN4/SCLK\，d100%

4.2　数据对象的种类有哪些？说明它们各自的特点。

4.3　请简述信号与变量的异同。

4.4　请说明 BIT 类型与 STD_LOGIC 类型的异同。

4.5　请指出算术操作符的操作对象是什么类型的。如果要对 STD_LOGIC_VECTOR 类型的数据对象进行操作，必须进行什么样的处理？

4.6　在 VHDL 编程中，为什么应尽可能对类型的取值范围给予限定？

4.7　请简述一下在 VHDL 程序中，标准的数据类型有哪些。

4.8　在 VHDL 语言中，用户常用的自定义数据类型有哪些？

4.9　请简述 VHDL 的特点。运用 VHDL 语言设计数字系统有哪些优点？

4.10　怎样将两个字符串"hello"和"world"组合为一个 10 位长的字符串？

第 5 章　VHDL 基本结构

VHDL 语言主要由实体、结构体、库、程序包及配置构成，如图 5-1 所示。

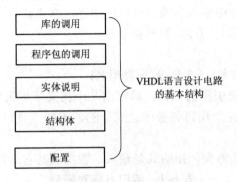

图 5-1　VHDL 语言设计电路的基本结构

5.1　实　体　说　明

图 5-2 所示为集成电路芯片 74LS138，其管脚 A、B、C 为地址输入端，G1、G2AN、G2BN 为控制信号端，Y0N、Y1N、Y2N、Y3N、Y4N、Y5N、Y6N、Y7N 为译码电路输出端。

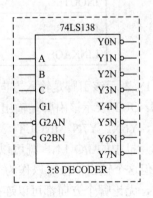

图 5-2　74LS138 的芯片管脚

在 VHDL 中，实体就是电路模块或电路系统与外部电路的接口。实体规定了设计单元的输入/输出接口信号或引脚。就一个设计实体而言，外界所看到的仅仅是它与外部电路的各种接口。这个电路具体的功能原理是由结构体描述的，对于外界来说，这部分是不可见的。实体是 VHDL 的基本设计单元，它可以对一个门电路、一个芯片、一块电路板及至整个系统进行接口描述。实体说明格式如下：

ENTITY 实体名 IS

　　[GENERIC(类属参数说明);]

　　[PORT(端口说明);]

END 实体名;

在实体说明语句中应给出实体名，实体名可以理解为这个电路所对应的名称。实体说明语句中类属参数说明必须放在端口说明之前，用于指定参数。

【例5-1】

ENTITY mux IS

　　　GENERIC(m:time:=1 ns);

　　　PORT(d0,d1,sel:IN BIT;

　　　　　　　Q:OUT BIT);

其中 GENERIC(m:time:=1 ns)；就是类属参数说明语句，用于定义一个 1 ns 的时间信号 m。如果实体内部电路大量使用了 m 这个时间值，则当设计者需要修改时间值时只需要一次性修改类属参数语句"GENERIC(m:time:=某时间常数);"中的常数即可，从而使设计电路变得方便快捷。

端口说明是对设计实体中输入和输出端口的描述，格式如下：

PORT(端口名(, 端口名)：方向　数据类型名；

　　　⋮

　　　端口名(, 端口名)：方向　数据类型名)；

端口名是赋予每个系统引脚的名称，通常用几个英文字母组成，一般采用代表管脚信号实际意义的英文表示。各个端口名必须是唯一的，不能重复，不能与 VHDL 的保留字相同。

端口方向是引脚信号的方向，指明其是输入、输出或其它，详细的方向类型见表 5-1。

表 5-1　端口方向对应表

方　　向	说　　明
IN	输入到实体
OUT	从实体输出外部(结构体内不能使用)
INOUT	双向(可以输入也可以输出)
BUFFER	输出(但可以反馈到实体内部)
LINKAGE	不指定方向

IN 表示该引脚是输入方向的，比如 3-8 译码器的 A、B、C、G1、G2AN、G2BN 这些管脚。OUT 表示该引脚是输出方向的，比如 3-8 译码器的 Y0N、Y1N、Y2N 、Y3N 、Y4N、Y5N、Y6N、Y7N。INOUT 表示该引脚既可以是输入方向的也可以是输出方向的，这有点像单片机中的 I/O 口，既可以输入数据又可以输出数据。BUFFER 方向其实是一个输出类型，但这个输出信号可以作为一个反馈信号输入到电路中。LINKAGE 表示这个端口不指定方向，无论哪个方向都可以连接，一般不常用。

下面再重点看一下 OUT 与 BUFFER 的区别，例如一个 D 触发器，其电路如图 5-3(a)所示，如果我们想把该 D 触发器构成一个 T 触发器，则电路如图 5-3(b)所示。

对于 D 触发器，Q 为输出端口，但对于 T 触发器，虽然 Q 这时也是输出性质的，但 Q 端要反馈到异或门的输入端，也即电路内部又要用到该信号，则其方向为 BUFFER 类型。如果用 VHDL 编程，结构体中使用输出端口信号，则信号的方向就应该为 BUFFER 类型。比如在计数器的设计中，对于计数器的输出信号方向，计算机在用语句描述时要进行递增或递减运算，如果直接由输出信号做自加或自减运算，则其方向为 BUFFER 类型。当然也可以在结构体中设计一个中间信号来完成设计，然后再把该中间信号赋值给输出信号，这样输出信号的方向就可以用"OUT"类型了。

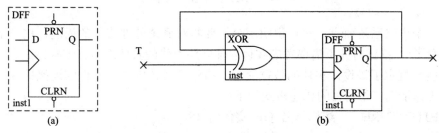

图 5-3　D 触发器和 T 触发器

(a) D 触发器；(b) T 触发器

端口数据类型是指端口信号的取值类型，常用的有 BIT、BIT_VECTOR、STD_LOGIC、STD_LOGIC_VECTOR、INTEGER、BOOLEAN 等。BIT 类型表示二进制输入只能以二进制位来表示，其取值只有两种："0"和"1"。当一次要表示多位二进制位输入或输出时，则可以用 BIT_VECTOR，称为位矢量。

【例 5-2】

    PORT(n0, n1, select: IN BIT;

        q: OUT BIT;

        bus: OUT BIT_VECTOR(3 DOWNTO 0));

本例中，n0、n1、select 是输入引脚，属于 BIT 型；q 是输出引脚，也属于 BIT 型；bus 是一组 8 位二进制总线，其取值是按 7~0 的顺序进行的，也可采用升序的写法，即"0　TO 7"，这两种写法其对应的值的位置是不相同的。

【例 5-3】

    …

    bus:OUT BIT_VECTOR(3 DOWNTO 0);

    abus:OUT BIT_VECTOR(0 TO 3);

    …

    bus<="1101";

    abus<="1101";

    …

程序在给 bus 赋值时，最左边的值赋最高位，则 bus(3)='1', bus(2)= '1', bus(1)= '0', bus(0)= '1'。在给 abus 进行赋值时，最右边赋给最高位，则 abus(0)= '1'，abus(1)= '1'，abus(2)= '0'，abus(3)= '1'。我们在书写二进制数值时，习惯把最高位写在左边，所以在 VHDL 编程中，位矢量的书写一般采用降序。

STD_LOGIC 是工业标准的逻辑类型，其取值可以是 0、1、X、Z 等 9 种取值。STD_LOGIC_VECTOR 是标准逻辑矢量类型，可以取一组标准逻辑类型的数据，其对应的赋值顺序可以按降序进行定义，也可以按升序进行定义。INTEGER 是整数类型，在用作端口数据类型时一定要指定它的长度。BOOLEAN 是布尔类型，其取值为 FALSE 和 TRUE。

5.2　结　构　体

对于一个电路系统而言，实体说明部分主要是对系统外部接口的描述，这一部分如同一个"黑盒子"，描述时并不需要考虑实体内部电路工作的具体细节。结构体定义了该设计实体的功能，规定了该设计实体的数据流程，指派了实体中内部元件的连接关系，描述电路的具体工作情况。结构体的描述格式如下：

ARCHITECTURE　　　结构体名　OF　实体名　IS

[说明语句]

BEGIN

　[功能描述语句]

END　结构体名；

结构体名由设计者自己命名，是结构体的唯一名称。"OF"后面的实体名表明该结构体属于哪个设计实体，每个实体可以对应一个结构体也可对应多个结构体。一个实体若对应多个结构体，则结构体名不能重复，每个结构体只能对应于一个实体。说明语句用于对结构内部使用的信号、常量、数据类型、函数等进行定义。结构体的信号定义和实体的端口说明一样，应有信号名称和数据类型定义，但不需要说明信号方向。结构体中定义的参量只能被该结构体所使用，如果希望该参量也能够被其它实体或结构体使用，则应该把这些参量在包集合中定义。VHDL 的功能描述语句包含五种不同类型的语句，分别为块语句(BLOCK)、进程语句(PROCESS)、信号赋值语句、子程序调用语句和元件例化语句，其结构图如图 5-4 所示。其中块语句(BLOCK)、进程语句(PROCESS)、子程序调用语句在下节讲述，并行信号赋值语句在 6.2 节中讲述，元件例化语句在 6.3 节讲述。例 5-4 是一个描述 1 对 2 数据分配器电路的完整的 VHDL 程序。

图 5-4　结构体构造图

【例 5-4】

```
    ENTITY nax IS                              --实体定义
      PORT(d,s: IN BIT;
            y0, y1: OUT BIT);
      END nax;
    ARCHITECTURE    dataflow OF nax IS         --结构体定义
      BEGIN
        y0<=(not s) and d;
```

```
    y1<= s and d;
END dataflow;
```

5.3　结构体基本组成部分

5.3.1　块语句

块(BLOCK)的应用类似于利用 Protel 画一个复杂的电路原理图，可以将这个复杂的原理图分成多个模块，则每个模块就对应一部分块语句。块语句的使用格式如下：

块标号：BLOCK

　　[端口说明语句]

　　[类属参数说明语句]

　　BEGIN

　　　并行语句；

　　END BLOCK　块标号；

端口说明语句对 BLOCK 的端口设置以及与外界的连接情况进行说明，块中的说明语句只适用于当前的 BLOCK，对于块的外部来说是不透明的，不适用于外部环境。块语句中的语句是并发执行的，用于描述语句的具体逻辑功能，它可以包含结构中的任何并发描述语句。块语句其实是把一个系统分成若干个模块分别进行描述的，所以在综合时，综合器只会保留块语句中的并行语句，而去除其余的语句。

【例 5-5】

```
LIBRARY IEEE;
USE IEEE.STD_LOGIC_1164.ALL;
ENTITY addsub IS
PORT(x:IN STD_LOGIC;
    y:IN STD_LOGIC;
    cb:IN STD_LOGIC;
    c0,b0:OUT STD_LOGIC;
    sum,d:OUT STD_LOGIC);
END addsub;
ARCHITECTURE dataflow OF addsub IS
BEGIN
  adder:BLOCK              --全加器
  BEGIN
    sum<=x XOR y XOR cb;
    c0<=(x AND y)OR (x AND cb) OR (y AND cb);
  END BLOCK adder;
```

```
    subtractor:BLOCK            --全减器
    BEGIN
        d<=x XOR y XOR cb;
        b0<=(NOT x AND y) OR (NOT x AND cb) OR (y AND cb);
    END BLOCK subtractor;
END dataflow;
```

在例 5-5 中包含两个块语句, 分别完成全加器与全减器的功能。把 "adder:BLOCK" 及其后的 "BEGIN"、"END BLOCK adder" 和 "subtractor:BLOCK" 及其后的 "BEGIN"、"END BLOCK subtractor" 语句去掉, 不影响整个程序的执行。块语句不参与综合器的综合, 在综合过程中, VHDL 综合器将略去所有的块语句。

块语句是并发执行的, 当程序开始执行时, 块语句会被无条件执行, 但是在某些特殊情况下, 设计人员希望块语句在某一个条件满足时才执行, 为此 VHDL 提供了带卫式表达式的块语句来实现此功能。其描述格式为

```
块标号：BLOCK [卫式表达式]
        BEGIN
         并行语句;
        END BLOCK   块标号;
```

当卫式表达式成立时, 该块语句被执行, 否则该块语句不执行。但是, 卫式块语句只能用于仿真, 不能用于综合。

5.3.2 进程

在 VHDL 中, 进程语句是使用最频繁、最广泛的一种语句。在一个结构体中可以包含多个进程, 每个进程都是同步执行的, 但是进程内部的语句顺序执行。进程语句的描述格式为

```
[进程标号: ]   PROCESS   [(敏感信号列表)]
进程说明语句;
BEGIN
    顺序描述语句;
END PROCESS [进程标号];
```

其中, 进程标号是进程语句的标识符, 它是一个可选项; 敏感信号列表是用来激励进程启动的量, 当敏感信号列表中有一个信号或多个信号发生变化时, 该进程启动, 否则该进程处于挂起状态, 所以进程敏感列表中必须要有一个信号, 否则该进程将永远不会启动, 除非在进程语句中包含 "WAIT" 语句; 进程说明语句定义该进程所需要的局部量, 可包括数据类型、常量、变量、属性、子程序等, 但要注意, 在进程中不允许定义信号。

进程启动后, 进程中的语句按从上至下的顺序执行, 最后一个语句执行完成后, 程序返回进程语句的开始, 等待下一次敏感信号列表中的敏感信号变化或 WAIT 语句表达式的满足。但应该注意, 虽然进程中的语句是顺序执行的, 但执行完进程中的顺序语句并不需要时间, 只是信号在传输时会有延时, 这一点与单片机中的顺序执行语句不同。

【例 5-6】

```
ARCHITECTURE   ART   OF   STAT   IS
   BEGIN
   P1：PROCESS                    --该进程未列出敏感信号，进程需靠 WAIT 语句来启动
   BEGIN
   WAIT UNTIL CLOCK；            --等待 CLOCK 激活进程
   IF(DRIVER='1')THEN            --当 DRIVER 为高电平时进入 CASE 语句
   CASE   OUTPUT   IS
      WHEN   S1=> OUTPUT<=S2；
      WHEN   S2=> OUTPUT<=S3；
      WHEN   S3=> OUTPUT<=S4；
      WHEN   S4=> OUTPUT<=S1；
   END CASE；
   END PROCESS P1；
   END   ART；
```

【例 5-7】

```
   ENTITY mux1 IS
   PORT (d0,d1,sel: IN BIT；
          q        : OUT BIT)；
   END mux1；
   ARCHITECTURE    connect OF mux1 IS
BEGIN
cale：
   PROCESS(d0,d1,sel)              --进程中列出了三个敏感信号，用于启动进程
   VARIABLE tmp1,tmp2,tmp3    : BIT；    --在进程中定义的变量
      BEGIN
          tmp1:=d0 AND sel；          --输入端口向变量赋值
          tmp2:=d1 AND (NOT sel)；
          tmp3:=tmp1 OR tmp2；
          q<=tmp3；
      END PROCESS cale；
   END connect；
```

该进程设计了一个 2 选 1 电路。在 VHDL 中，“--”表示后面的语句是注释语句，不参与检查编译。进程之间可以进行通信，进程之间的通信是通过信号进行的。

【例 5-8】 设计一个产生“01101101”脉冲序列的信号发生电路，其中包含两个进程，分别用来完成计数电路和数据选择电路，两个进程之间通过信号“y”进行通信。

```
LIBRARY IEEE；
USE IEEE.STD_LOGIC_1164.ALL；
USE IEEE.STD_LOGIC_UNSIGNED.ALL；
```

```
ENTITY MC IS
PORT(clk:IN STD_LOGIC;
     q:OUT STD_LOGIC);
END mc;
ARCHITECTURE a OF mc IS
SIGNAL y:INTEGER RANGE 0 TO 7;
BEGIN
PROCESS(clk)
BEGIN
IF clk'event AND clk='1' THEN
y<=y+1;
END IF;
END PROCESS;
PROCESS(y)
BEGIN
CASE y IS
WHEN 1=>q<='0';
WHEN 4=>q<='0';
WHEN 7=>q<='0';
WHEN OTHERS=>q<='1';
END CASE;
END PROCESS;
END a;
```

设计进程需要注意以下几方面：

(1) 在进程中只能设置顺序语句，虽然同一结构体中的进程之间是并行运行的，但同一进程中的逻辑描述语句却是顺序运行的，因此，进程的顺序语句具有明显的顺序/并行运行双重性。

(2) 进程的激活必须由敏感信号表中定义的任一敏感信号的变化来启动，否则必须有一个显式的 WAIT 语句来激活。这就是说，进程既可以由敏感信号的变化来启动，也可以由满足条件的 WAIT 语句来激活；反之，在遇到不满足条件的 WAIT 语句后，进程将被挂起。因此，进程中必须定义显式或隐式的敏感信号。如果一个进程对一个信号集合总是敏感的，那么，我们可以使用敏感表来指定进程的敏感信号。但是，在一个使用了敏感表的进程(或者由该进程所调用的子程序)中不能含有任何等待语句。

(3) 信号是多个进程间的通信线。结构体中多个进程之所以能并行同步运行，一个很重要的原因就是进程之间的通信是通过传递信号和共享变量值来实现的。因此，相对于结构体来说，信号具有全局特性，它是进程间进行并行联系的重要途径，故在任一进程的进程说明部分不允许定义信号(共享变量是 VHDL 93 版中增加的内容)。

(4) 进程是重要的建模工具。进程结构不但为综合器所支持，而且进程的建模方式将直接影响仿真和综合结果。需要注意的是，综合后对应于进程的硬件结构对进程中的所有可读入信号都是敏感的，而在 VHDL 行为仿真中并非如此，除非将所有的读入信号列为敏感信号。

进程语句是 VHDL 程序中使用最频繁和最能体现 VHDL 特点的一种语句，其原因是它具有并行和顺序行为的双重性，其行为描述风格具有一定的特殊性。为了使 VHDL 的软件仿真与综合后的硬件仿真对应起来，应当将进程中的所有输入信号都列入敏感表中。不难发现，在对应的硬件系统中，一个进程和一个并行赋值语句确实有十分相似的对应关系，并行赋值语句就相当于一个将所有输入信号隐性地列入结构体检测范围的(即敏感表的)进程语句。

综合后的进程语句所对应的硬件逻辑模块，其工作方式可以是组合逻辑方式的，也可以是时序逻辑方式的。例如在一个进程中，一般的 IF 语句综合出的多为组合逻辑电路(一定条件下)；若出现 WAIT 语句，在一定条件下，综合器将引入时序元件，如触发器等。

5.3.3　子程序(函数与过程)

子程序是一个 VHDL 程序模块，其含义与其他高级计算机语言中的子程序相同。子程序可以在程序包、结构体和进程中定义；子程序必须在定义后才能被调用；主程序和子程序之间通过端口参数列表位置关联方式进行数据传送；子程序可以被多次调用完成重复性的任务。在子程序中，语句是按顺序执行的。在 VHDL 中，子程序有两种类型：过程(PROCEDURE)和函数(FUNCTION)。

1. 函数

函数定义中包括函数首与函数体。在进程与结构体中不必定义函数首，仅在程序包中才定义函数首。函数首在程序包中被定义时是放在包头中进行的，用来定义在这个程序包中的函数的名字与参数类型。函数体中含有说明语句，用来对数据类型、常数、变量等进行说明，在该部分说明的量是一个局部量，仅在该函数中有效。函数首的定义格式如下：

FUNCTION　函数名(参数 1，参数 2，…) RETURN　数据类型名；

函数首仅表示定义了一个函数，并不描述函数的具体功能。

函数体的定义格式如下：

FUNCTION　函数名(参数 1，参数 2，…) RETURN　数据类型名　IS

[说明语句]

BEGIN

[顺序处理语句]

RETURN　返回值；

END　函数名；

【例 5-9】定义一个函数体：

```
FUNCTION   min(x,y:INTEGER ) RETURN INTEGER IS          --定义函数
BEGIN
    IF x<y THEN
        RETURN(x);
    ELSE
        RETURN(y);
```

```
        END IF;

    END min;
```

函数在结构体中进行定义使用如例 5-10 所示，在程序包中定义使用在下节进行说明。

【例 5-10】

```
    LIBRARY IEEE;
    USE IEEE.STD_LOGIC_1164.ALL;
    ENTITY FUNC IS
        PORT(A: IN BIT_VECTOR(0 TO 2);
            M: OUT BIT_VECTOR(0 TO 2));
    END FUNC;
    ARCHITECTURE ART OF FUNC IS
        FUNCTION SAM(X，Y，Z：BIT) RETURN BIT IS    --定义函数 SAM,该函数无函数首
            BEGIN
            RETURN (X AND Y) OR Z;
        END SAM;
        BEGIN
        PROCESS(A)
        BEGIN
            M(0)<=SAM(A(0)，A(1)，A(2));    --当 A 的 3 个位输入元素 A(0)、A(1)和 A(2)中的
            M(1)<=SAM(A(2)，A(0)，A(1));    --任何一位有变化时，将启动对函数 SAM 的调用，
            M(2)<=SAM(A(1)，A(2)，A(0));    --并将函数的返回值赋给 M 输出
        END PROCESS;
    END ART;
```

2．过程(PROCEDURE)

子程序的另外一种形式是过程(PROCEDURE)。与函数一样，过程也由两部分组成，即过程首与过程体。过程首不是必需的，仅在程序包中定义过程时才要使用过程首。过程体中含有说明语句，用来对数据类型、常数、变量等进行说明，在该部分说明的量是一个局部量，仅在该过程中有效。注意，函数的返回值只是函数本身，一次仅能返回一个值，而过程返回值在过程的参数表中，一次可以返回多个值。因此在调用时，如果使用函数返回值则必须把这个返回值赋给一个量；而过程在调用时则不需要，其由参数列表中的参量返回值。根据调用环境的不同，过程调用有两种方式，即顺序语句方式和并行语句方式。在一般的顺序语句自然执行过程中，一个过程被执行，则属于顺序语句方式；当某个过程处于并行语句环境中时，其过程体中定义的任一 IN 或 INOUT 的目标参量发生改变将启动过程的调用，这时的调用属于并行语句的方式。过程与函数一样可以重复调用或嵌套调用。综合器一般不支持含有 WAIT 语句的过程。

过程首的定义格式为

PROCEDURE 过程名(参数 1，参数 2，…);

过程首仅表示定义了一个过程，并不具体描述过程的工作情况。

过程体的定义格式为

PROCEDURE 过程名(参数 1，参数 2，…) IS

　[说明语句]

BEGIN

　[顺序处理语句]

END 过程名；

【例 5-11】

　　PROCEDURE vector_to_int (z :IN STD_LOGIC_VECTOR;　　　　　　--定义过程体

　　　　　　　　　　　　　　　　x_flag : OUT BOOLEAN;

　　　　　　　　　　　　　　　　q: OUT INTEGER) IS

　　variable qb:integer;

　　variable xb_flag:boolean;

　　BEGIN

　　　qb:=0;

　　　xb_flag:=FALSE;

　　　FOR i IN 0 to 3 LOOP

　　　　qb:=qb*2;

　　　　IF z(i)='1'　　THEN

　　　　　　qb:=qb+1;

　　　　ELSIF (z(i)/='0') THEN

　　　　　　xb_flag:=TRUE;

　　　　END IF;

　　　END LOOP;

　　　q:=qb;

　　　x_flag:=xb_flag;

　　END vector_to_int;

3. 重载函数与重载过程

　　VHDL 允许以相同的函数名定义函数，即重载函数。但这时要求函数中定义的操作数具有不同的数据类型，以便调用时用以分辨不同功能的同名函数。在由不同数据类型操作数构成的同名函数中，以运算符重载式函数最为常用。这种函数为不同数据类型间的运算带来极大的方便。作为强制类型，VHDL 语言不允许不同类型的操作数进行直接操作或运算，比如标准逻辑矢量类型的数就不能与整数进行加法或减法运算。为使设计变得方便，在一些包集合中采用运算符重载式的重载函数。VHDL 中预定义的操作符如"+"、"AND"、"MOD"、">"等均可以被重载，以赋予新的数据类型操作功能，也就是说，通过重新定义运算符的方式，允许被重载的运算符能够对新的数据类型进行操作，或者允许不同的数据类型之间用此运算符进行运算。

　　例 5-12 和例 5-13 给出了一个 Synopsys 公司的程序包 STD_LOGIC_UNSIGNED 中的部分函数结构。示例没有把全部内容列出。在程序包 STD_LOGIC_UNSIGNED 的说明部分只列出了四个函数的函数首。在程序包体部分只列出了对应的部分内容，程序包体部分的

UNSIGED()函数是从 IEEE.STD_LOGIC_ARITH 库中调用的。在程序包体中的最大整型数检出函数 MAXIUM 只有函数体，没有函数首，这是因为它只在程序包体内调用。

【例 5-12】

```
LIBRARY IEEE;
USE IEEE.STD_LOGIC_1164.ALL;
USE IEEE STD_LOGIC_ARITH.ALL;
PACKAGE STD_LOGIC_UNSIGNED IS                      --程序包首
FUNCTION "+" (L：STD_LOGIC_VECTOR；R：INTEGER)      --定义一个"+"函数
       RETURN STD_LOGIC_VECTOR；
FUNCTION "+" (L：INTEGER；R：STD_LOGIC_VECTOR)      --定义另一个"+"函数
       RETURN STD_LOGIC_VECTOR；
FUNCTION "+" (L：STD_LOGIC_VECTOR；R：STD_LOGIC)    --又定义一个"+"函数
            RETURN STD_LOGIC_VECTOR；
FUNCTION SHR(ARG：STD_LOGIC_VECTOR；COUNT：STD_LOGIC_VECTOR)
RETURN STD_LOGIC_VECTOR；
...
END PACKAGE STD_LOGIC_UNSIGNED；
```

【例 5-13】

```
LIBRARY IEEE；
USE IEEE.STD_LOGIC_1164.ALL；
USE IEEE.STD_LOGIC_ARITH.ALL；
PACKAGE BODY STD_LOGIC_UNSIGNED IS                 --定义包体
  FUNCTION MAXIMUM(L，R：INTEGER)RETURN INTEGER IS  --定义函数体
  BEGIN
  IF L>R THEN
     RETURN L；
  ELSE
     RETURN R；
  END IF；
  END FUNCTION MAXIMUM；
  FUNCTION "+" (L：STD_LOGIC_VECTOR；R：INTEGER)   RETURN STD_LOGIC_VECTOR IS
                                             --定义"+"函数
    VARIABLE RESULT：STD_LOGIC_VECTOR(L'RANGE)；
    BEGIN
    RESULT:=UNSIGNED(L)+R；
    RETURN STD_LOGIC_VECTOR(RESULT)；
  END FUNCTION "+"；
  ...
  END PACKAGE BODY STD_LOGIC_UNSIGNED；
```

通过以上两例，不但可以从中看到在程序包中完整的函数置位形式，而且还应注意到在函数首的三个函数名都是同名的，即都以加法运算符"+"作为函数名。以这种方式定义函数即所谓运算符重载。对运算符重载(即对运算符重新定义)的函数称为重载函数。

实用中，如果已用"USE"语句打开了程序包 STD_LOGIC_UNSIGNED，这时，如果设计实体中有一个 STD_LOGIC_VECTOR 位矢量和一个整数相加，程序就会自动调用第一个函数，并返回位矢类型的值。若是一个位矢量与 STD_LOGIC 数据类型的数相加，则调用第三个函数，并以位矢类型的值返回。

与重载函数一样，两个或两个以上有相同的过程名而参数数量及数据类型却不完全相同的过程称为重载过程。重载过程也是依靠参量类型来辨别究竟调用哪一个过程的。

【例 5-14】

```
PROCEDURE calcu(v1,v2:IN REAL;
          Signal out1:INOUT INTEGER);
PROCEDURE calcu(v1,v2:IN INTEGER;
          Signal out1:INOUT REAL);
…
calcu(20.11,1.5,sign1);
calcu(22,300,sign2);
```

此例中定义了两个重载过程，它们的过程名、参量数目及各参量的模式是相同的，但参量的数据类型不同。第一个过程中定义的两个输入参量 v1 和 v2 为实数型常数，out1 为 inout 模式的整数信号。而第二个过程中的 v1、v2 则为整数常数，out1 为实数信号，所以在调用过程时将调用第二个过程。

5.4　包集合、库及配置

5.4.1　库

在利用 VHDL 进行工程设计时，为了提高设计效率以及使设计遵循某些统一的语言标准或数据格式，有必要将一些经常使用的信息汇集在一个或几个库中以调用。这些信息可以是预先定义好的数据类型、子程序等设计单元的集合体(程序包)，也可以是预先定义的各种设计实体以及构造定义和配置定义等。

在设计单元内的语句可以使用库中的结果，因此，设计者可以共享已经编译的设计结果。在 VHDL 中有多个库，它们相互独立。通常库是以一个子目录的形式存在的，这些子目录中存放了不同数量的程序包(以 VHDL 格式保存的程序)，这些程序包里定义了一些常用的信息。

VHDL 程序设计中常用的库有 IEEE 库、SID 库和 WORK 库等。

1. IEEE 库

IEEE 库包含了 IEEE 标准的程序包和其它一些支持工业标准的程序包。其中 STD_LOGIC_1164、STD_LOGIC_UNSIGNED、STD_LOGIC_SIGNED、STD_LOGIC_ARITH

等程序包是目前经常使用的程序包。在使用这个库时必须先用 LIBRARY IEEE 声明使用。

2. STD 库

STD 库是 VHDL 的标准库，在该库中包含 STANDARD 的程序包及 TEXTIO 程序包。STANDARD 的程序包是 VHDL 标准的程序包，里面定义了 VHDL 标准数据、逻辑关系及函数等，在 EDA 工具软件启动后自动调用到工作库中，所以使用 STANDARD 包中定义的量可以不加声明。但是若使用 TEXTIO 包，则需要按照格式进行声明。

3. WORK 库

WORK 库是 VHDL 语言的工作库，用户在项目设计中设计成功、正在验证、未仿真的中间部件等都堆放在工作库 WORK 中。WORK 库是用户的临时仓库，用户的成品、半成品模块、元件及设计中的参数都存放在其中。在 MAX+plus Ⅱ 软件、Quartus Ⅱ 软件中要求所设计的程序要存在一个子目录中，这个子目录其实就是这个项目设计的工作库，用于保存当前正在进行的设计及设计所产生的一些参数及部件。当需要使用这些部件时，EDA 工具软件会自动把这些部件及参数加到当前工作的库中，所以不需要再进行说明调用。在对大型系统进行层次化设计时，对一些共用的元件和模块建立一个资源库，每个工程师在自己的 WORK 库中引用这些元件，实现层次化设计。在调用这些资料时，应该按照格式进行调用。

另外还有 VITAL 库、用户自定义工作库等。调用 VITAL 库中的程序包可以提高 VHDL 时序模拟的精度，因而只在 VHDL 仿真器中使用。目前由于 FPGA/CPLD 生产厂家的 EDA 工具软件都能为各自的芯片生成 VHDL 门级网表，所以在设计时一般不需要调用 VITAL 库中的程序包。用户自定义工作库是指用户将自己设计的内容或通过交流获得的程序包、设计实体等并入这些库中。

在使用库之前，要进行库说明和程序包说明，库和程序包的说明总是放在设计单元的前面。库语言一般必须与 USE 语句同用。库语言关键词 LIBRARY 指明所使用的库名，USE 语句指明库中的程序包。一旦说明了库和程序包，整个设计实体就都可以进入访问或被调用，但其作用范围仅限于所说明的设计实体。VHDL 要求每项含有多个设计实体的大系统，每一个设计实体都必须有自己完整的库的说明语句和 USE 语句。库的调用格式为

LIBRARY　库名；
USE LIBRARY.name.PACKAGE.name.ITEM.name;

USE 语句的使用将使所说明的程序包对本设计实体全部开放，即是可视的。USE 语句的使用有两种常用格式：

USE 库名.程序包名.项目名；
USE 库名.程序包名.ALL；

第一条语句的作用是向本设计实体开放指定库中的特定程序包内所选定的项目，第二条语句格式的作用是向本设计实体开放指定库中的特定程序包内所有的内容。

【例 5-15】

```
LIBRARY IEEE;                        --打开 IEEE 库
USE IEEE.STD_LOGIC_1164.ALL;         --打开 IEEE 库中 STD_LOGIC_1164 程序包的所有内容
USE IEEE.STD_LOGIC_UNSIGNED.ALL;     --打开 IEEE 库中 STD_LOGIC_UNSIGNED 程序包的
                                       所有内容
```

【例 5-16】
　　　LIBRARY IEEE;
　　　USE IEEE. STD_LOGIC_1164. STD_ULOGIC;
　　　USE IEEE. STD_LOGIC_1164.RISING_EDGE;
　　例 5-16 中向当前设计实体开放了 STD_LOGIC_1164 程序包中的 RISING_EDGE 函数。但由于此函数须用到数据类型 STD_ULOGIC，所以在上一条 USE 语句中开放了同一程序包中的这一数据类型。库的作用范围从一个实体说明开始到它所属的结构体、配置为止。当有两个实体时，第二个实体前要另加库和包的说明。

5.4.2　程序包

　　通常在一个实体中对数据类型、常量等进行的说明只可以在一个实体中使用，为使这些说明可以在其它实体中使用，VHDL 提供了程序包结构，包中罗列 VHDL 中用到的信号定义、常数定义、数据类型定义、元件定义、函数定义和过程定义等，它是一个可编译的设计单元，也是库结构中的一个层次。通常程序包中的内容应具很大的适用性和良好的独立性，以供各种不同的设计调用，如 STD_LOGIC_1164 程序包定义的数据类型 STD_LOGIC 和 STD_LOGIC_VECTOR。一旦定义了一个程序包，各种独立的设计就能方便地调用该程序包。

　　程序包的定义分为两个部分：包首和包体。
　　(1) 包首的定义格式：
　　PACKAGE　包名　IS
　　　　　　　[说明语句]；
　　END　　包名；
　　程序包首的说明部分可收集多个不同的 VHDL 设计所需的信息，其中包括数据类型说明、信号说明、子程序说明及元件说明等。
　　(2) 包体格式：
　　PACKAGE BODY　包名　IS
　　　　　　　[说明语句]
　　END　包名；
　　程序包体包括程序包首中已经定义的子程序的子程序体。在程序包集合中，包体并不是必需的，如果仅仅是定义数据类型或定义数据对象等内容，程序包体可以不用，程序包首独立被使用；但若在程序包中有子程序说明，则必须有对应的子程序包体，这时，子程序体必须放在程序包体中。
　　【例 5-17】定义包头：
　　　PACKAGE logic IS
　　　　　TYPE three_level_logic IS ('0', '1', 'Z');　　　　　　　　--数据类型项目
　　　　　CONSTANT unknown_value : three_level_logic := '0';　　　--常数项目
　　　　　FUNCTION invert (input: three_level_logic)　　　　　　　--函数项目
　　　　　RETURN three_level_logic;
　　　END logic;

【例 5-18】 定义包体：

```
PACKAGE BODY logic IS
    FUNCTION invert (input: three_level_logic)RETURN three_level_logic IS    --函数项目描述
  BEGIN
  CASE input IS
      WHEN '0' => RETURN '1';
      WHEN '1' => RETURN '0';
      WHEN 'Z' => RETURN 'Z';
    END CASE;
   END invert;
  END logic;
```

调用该程序包的过程见例 5-19。

【例 5-19】

```
LIBRARY WORK;
USE WORK.LOGIC.three_level_logic;              --使用数据类型和函数的两个项目;
USE WORK.LOGIC.invert;
ENTITY   inverter IS
    PORT(x: IN three_level_logic ;
            y: OUT three_level_logic);
END inverter;
ARCHITECTURE inverter_body OF inverter IS
BEGIN
    kk:
    PROCESS
        BEGIN
            y<=invert(x) AFTER 10 ns;
    END PROCESS;
   END inverter_body;
```

该程序调用了用户自定义工作库中的 LOGIC 程序包中的"three_level_logic"数值类型及"invert"函数，并在程序中使用了这两个项目。

在 VHDL 程序设计中经常要用到以下一些程序包，这些程序包定义的功能介绍如下。

(1) STD_LOGIC_1164 程序包。它是 IEEE 库中最常用的程序包，是 IEEE 的标准程序包。其中包含一些数据类型、子类型和函数的定义，这些定义将 VHDL 扩展为一个能描述多值逻辑(即除"0"和"1"以外其它的逻辑量，如高阻态"Z"、不定态"X"等)的硬件描述语言，满足了实际数字系统设计的需求。该程序包中用得最多、最广的是 STD_LOGIC 和 STD_LOGIC_VECTOR 类型，它们非常适用于 FPGA/CPLD 器件中的多值逻辑设计结构。

(2) STD_LOGIC_ARITH 程序包。它预先编译在 IEEE 库中，在 STD_LOGIC_1164 程序包的基础上扩展了三个数据类型：UNSIGNED、SIGNED 和 SMALL_INT，并为其定义了相关的算术运算符和转换函数。

(3) STD_LOGIC_UNSIGNED 和 STD_LOGIC_SIGNED 程序包。它们都预先编译在 IEEE 库中，重载了可用于 INTEGER 型、STD_LOGIC 和 STD_LOGIC_VECTOR 型混合运算的运算符，并定义了一个由 STD_LOGIC_VECTOR 型到 INTEGER 型的转换函数。这两个程序包的区别是，STD_LOGIC_SIGNED 中定义的运算符考虑符号，是有符号数的运算，而 STD_LOGIC_UNSIGNED 中的运算符不考虑符号。

程序包 STD_LOGIC_UNSIGNED、STD_LOGIC_SIGNED 和 STD_LOGIC_ARITH 虽未成为 IEEE 标准，但已经成为事实上的工业标准，绝大多数 VHDL 综合器和 VHDL 仿真器都支持它们。

(4) STANDARD 和 TEXTIO 程序包。它们是 STD 库中的预编译程序包。其中 STANDARD 程序包中定义了许多基本的数据类型、子类型和函数，是 VHDL 标准程序包，实际应用中已隐性打开，不必用 USE 语句另作声明。TEXTIO 程序包定义了支持文本文件操作的许多类型和子程序，在使用它之前，需加 USE STD.TEXTIO.ALL 语句。

TEXTIO 程序包主要供仿真器使用。可以用文本编辑器建立一个数据文件，文件中包含仿真时需要的数据，仿真时用其中的子程序存取这些数据。综合器中，此程序包被忽略。

5.4.3 配置

一个实体可以对应多个构造体，比如在设计 RS 触发器时使用了两个构造体，目的是比较不同描述方式情况下输出的性能有何不同。第一个结构体采用调用元件的形式来描述 RS 触发器的工作情况，第二个结构体采用一些门电路来构成 RS 触发器。在仿真时通过配置来选择结构体，通过比较不同的仿真结果可以得出不同描述方式下结构体仿真结果有哪些不同。配置语句格式如下：

```
CONFIGURATION   配置名   OF 实体名 IS
[说明语句]
END   配置名；
```

最简单的配置可以写成如下形式：

```
CONFIGURATION   配置名   OF 实体名 IS
  FOR  被选构造体名
  END FOR；
END   配置名；
```

【例 5-20】

```
ENTITY rs IS
    PORT(set,reset:IN BIT;
         q,qb: BUFFER BIT);
END rs;
ARCHITECTURE rsff1 OF rs IS          --定义构造体 rsff1
    COMPONENT nand2
        PORT(a,b: IN BIT;
             c:   OUT BIT);
    END COMPONENT;
```

```
BEGIN
    U1:nand2 PORT MAP(a=>set, b=>qb, c=>q)
    U2:nand2 PORT MAP(a=>reset, b=>q, c=>qb)
END rsff1;

ARCHITECTURE rsff2 OF rs IS                --定义构造体 rsff2
    BEGIN
        q<=NOT(qb AND set);
        qb<=NOT(q AND reset);
        END rsff2
```

两个构造体，可以用配置语句进行设置：

```
CONFIGURATION rscon OF rs IS
FOR rsff1                --选择构造体 rsff1
END FOR;
END rscon;
```

5.5　实训：建立用户自定义工作库

一、实训目的

(1) 学会运用 Quartus Ⅱ 软件的 VHDL 语言输入功能设计数字电路。

(2) 掌握用户自定义工作库的建立过程。

(3) 掌握函数体、函数首的用法，掌握枚举类型的设置。

(4) 掌握包首、包体的用法。

二、实训原理

试编写一个程序包，该程序包内部定义一个枚举类型与一个函数。其中，函数名为 max，函数的功能是对输入的两个数进行大小比较；枚举类型名为 week，其取值可以为 sun、mon、tue、wed、thu、fri、sat。

设置一个程序，调用该程序包，对输入的两个数进行大小比较，并通过数码管显示当前的星期数，比如为"mon"则显示"1"，每隔一秒钟自动加 1，也即运用枚举类型设计一个从 1 至 7 的计数器。

三、实训内容

(1) 用 VHDL 语言设计一个包含函数"max"与枚举类型"week"的程序包。

(2) 用 VHDL 语言设计一个调用该程序包的电路，其可以对输入的两个数进行大小判断，并按时钟周期显示数值 1～7。建立一个工程，把建立的程序包及该程序加入该工程中，以该程序名为工程名。

(3) 检查编译直至没有错误。

(4) 运用 Quartus Ⅱ软件进行仿真，并分析时延。

(5) 根据 EDA 实验开发系统选择对应的芯片，锁定引脚，并下载验证。

四、实训步骤

(1) 设计程序包。设计一个程序包，保存在目录 D: \ex 中，文件名为 mywork.vhd。注意该程序只要检查编译没有错误就可以了，不需要软件仿真与硬件测试。

(2) 设计调用程序包的电路程序。设计一个 VHDL 程序，文件名为 ex5.vhd，注意两个程序要保存在同一个文件夹中。

(3) 建立一个工程。建立一个工程，工程名与调用的程序包名称相同，为 exe5，把上面设计的两个程序加进去，进行仿真、测试。

五、器件下载编程与硬件实现

在进行硬件测试时，选择 8 个按键作为 2 个数据输入信号(每个输入数据需 4 个二进制编码，2 个数则需要 8 个按键)；一个时钟输入信号，频率选择 1 Hz。用两个数码管作为输出显示，一个管显示输入数据中较大的那个数据，一个数码管显示当前的计数值。

本实训的硬件结构示意图如图 5-5 所示。

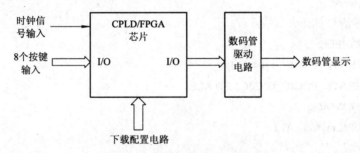

图 5-5　硬件结构示意图

六、实训报告

(1) 说明实训项目的工作原理、所需要的器材。

(2) 写出源程序，并进行解释。

(3) 写出软件仿真结果，并进行分析。

(4) 说明硬件原理与测试情况。

(5) 写出心得体会。

七、参考源程序

mywork.vhd 程序清单如下：

```
LIBRARY IEEE;
USE IEEE.STD_LOGIC_1164.ALL;
PACKAGE mywork IS
  FUNCTION max(a:STD_LOGIC_VECTOR;
               b:STD_LOGIC_VECTOR)
```

```
                    RETURN STD_LOGIC_VECTOR;
        TYPE week IS (sun,mon,tue,wed,thu,fri,sat);
        END mywork;
        PACKAGE BODY mywork IS
        FUNCTION max(a:STD_LOGIC_VECTOR;
                    b:STD_LOGIC_VECTOR(3 DOWNTO 0) )RETURN STD_LOGIC_VECTOR IS
        VARIABLE temp:STD_LOGIC_VECTOR(3 DOWNTO 0);
        BEGIN
        IF(a>b)THEN
        temp:=a;
        ELSE
        temp:=b;
        END IF;
        RETURN temp;
        END max;
        END mywork;
```

ex5.vhd 程序清单如下：

```
        LIBRARY IEEE;
        USE IEEE.STD_LOGIC_1164.ALL;
        USE IEEE.STD_LOGIC_UNSIGNED.ALL;
        LIBRARY WORK;
        USE WORK.mywork.ALL;

        ENTITY ex5 IS
        PORT(d0,d1:IN STD_LOGIC_VECTOR(3 DOWNTO 0);
            clk:IN STD_LOGIC;
            q:OUT STD_LOGIC_VECTOR(3 DOWNTO 0);
            count:OUT STD_LOGIC_VECTOR(2 DOWNTO 0));
        END ex5;
        ARCHITECTURE a OF ex5 IS
        BEGIN
        q<=max(d0,d1);
        PROCESS(clk)
        VARIABLE count0:week;
        BEGIN
        IF clk'event AND clk='1' THEN
        CASE count0 IS
        WHEN sun=>count0:=mon;
        WHEN mon=>count0:=tue;
```

```
            WHEN tue=>count0:=wed;
            WHEN wed=>count0:=thu;
            WHEN thu=>count0:=fri;
            WHEN fri=>count0:=sat;
            WHEN sat=>count0:=sun;
            END CASE;
            END IF;
            CASE count0 IS
            WHEN sun=>count<="111";
            WHEN mon=>count<="001";
            WHEN tue=>count<="010";
            WHEN wed=>count<="011";
            WHEN thu=>count<="100";
            WHEN fri=>count<="101";
            WHEN sat=>count<="110";
            END CASE;
            END PROCESS;
            END a;
```

习　　题

5.1　在实体说明语句中，端口方向有哪些？

5.2　与软件描述语言相比，VHDL 有什么特点？

5.3　说明端口模式 INOUT 和 BUFFER 有何异同点。

5.4　表达式 C<=A+B 中，A、B 和 C 的数据类型都是 STD_LOGIC_VECTOR，是否能直接进行加法运算？说明原因和解决方法。

5.5　函数与过程有什么区别？

5.6　在描述时序电路的进程中，哪一种复位方法必须将复位信号放在敏感信号表中？给出相应电路的 VHDL 描述。

5.7　画出与下例实体描述对应的原理图符号：

```
(1) ENTITY   bf 3s   IS                --实体 1：三态缓冲器
PORT (input : IN STD_LOGIC;            --输入端
      Enable : IN STD_LOGIC;           --使能端
      output : OUT   STD_LOGIS);       --输出端
END bf 3s;
(2) ENTITY   mux21   IS
      PORT (in0, in1, sel :IN STD_LOGIC; output : OUT STD_LOGIC);
    END mux21;
```

5.8　什么是重载函数？重载运算符有何用处？如何调用重载函数？

5.9　请修改下列程序中的错误。

```
ENTITY aa IS
PORT(clk: IN BIT;
        q: OUT BIT_VECTOR(3 DOWNTO 0);)
END bb;
ARCHITECTURE a OF aa IS
BEGIN
PROCESS(clk)
        IF clk'event AND clk='1' THEN
            q<=q+1;
        END IF;
    END PROCESS;
END a;
```

第 6 章　VHDL 的描述语句与描述风格

在 VHDL 程序中，顺序语句和并行语句是基本的语句。并行语句的执行顺序与语句顺序无关，所有的语句都是同时执行的；顺序执行语句则按照语句的书写顺序依次执行。VHDL语言是描述硬件电路工作情况的语言，从总体上看主要是并发执行的语句，但为方便描述电路的工作过程，在进程与子程序中又定义了顺序执行语句。在数字系统设计中，这两类语句完整地描述了数字系统的硬件结构与基本逻辑功能。这些语句是 VHDL 程序设计的基础，也是最后构成硬件结构的基础。

6.1　顺序执行语句

在 VHDL 语言中，顺序语句只用于进程、函数、过程中。顺序语句可以进行算术运算、逻辑运算、信号和变量的赋值、子程序调用等。VHDL 语言顺序是相对于仿真软件的运行和 VHDL 语法的编程逻辑思路而言的，其相应的硬件逻辑工作方式未必采用相同的顺序。要注意区分 VHDL 语言的软件行为与描述综合后的硬件行为之间的差异，也即在顺序执行语句中，执行第一条语句与执行最后一条语句之间的时间间隔是不需要计算考虑的。这与单片机中的语句执行是不一样的，因为顺序语句最终也要综合成相应的硬件电路，在硬件电路中并没有一部分电路先工作而另一部分电路后工作的过程。常用的顺序语句有：信号与变量赋值语句、流程控制语句、WAIT 语句、子程序调用语句、空操作(NULL)语句、断言(ASSERT)语句、REPORT 语句及其相关语句等。

6.1.1　赋值语句

在进程、子程序中的赋值语句包括变量赋值语句与信号赋值语句两种。变量赋值与信号赋值虽然都是在顺序语句中，但赋值的过程有不同之处。变量具有局部特征，它的赋值是立即发生的，是一种时间延迟为零的赋值行为。信号具有全局性特征，它不但可以作为一个设计实体内部各单元之间数据传送的载体，而且可通过信号进行实体间通信。信号在顺序语句中的赋值不是立即发生的，它发生在一个进程结束时或子程序调用完成以后。信号的赋值过程总有一定的延时，它反映了硬件系统的重要特性，综合后可以找到与信号对应的硬件结构，如一根传输导线、一个输入/输出端口或一个 D 触发器等。变量赋值与信号赋值的语法格式如下：

变量赋值目标:=赋值源；

信号赋值目标<=赋值源；

在进行赋值时，如果对同一个信号赋值多次，则在进程结束时信号的值为最后一个赋值源的值。在该进程中所有用到该信号的表达式中，该信号的值都是以最后一个赋值源的值参与运算的，不管该表达式出现在进程的什么位置。但是对于变量，在对变量赋值后，变量的值立即改变，下面用到该变量的值时就以新赋值的赋值源参与运算。

在 VHDL 语言中，变量或信号的赋值是强制类型赋值，如果赋值目标与赋值源的类型、长度不一致是不能进行赋值的。在信号与变量赋值过程中，若发现类型不一致，可以通过调用相关的程序包运用类型转换函数进行类型转换；如果赋值两边长度不一致，可以通过并置符补充相应的位数或者通过段下标进行赋值。

【例 6-1】

```
LIBRARY IEEE;
USE IEEE.STD_LOGIC_1164.ALL;
ENTITY aa IS
PORT(a,b:IN STD_LOGIC;
    c:OUT STD_LOGIC_VECTOR(5 DOWNTO 0);
    d:OUT STD_LOGIC_VECTOR(0 TO 9));
END aa;

ARCHITECTURE bb OF aa IS
    SIGNAL s1,s2:STD_LOGIC;
    SIGNAL svec:STD_LOGIC_VECTOR(0 TO 7);
BEGIN
PROCESS(a,b)
    VARIABLE v1,v2 :STD_LOGIC;
BEGIN
        v1:=a;          --立即将 v1 置为 a
        v2:=a;          --立即将 v2 置为 a
        s1<=a;          --因为在该进程中，没有其余的语句对 s1 赋值，所以 s1 被赋值为 a
        s2<=a;          --s2 被赋值为 a, 由于在进程下部分还会对 s2 赋值，所以不做操作

        svec(0)<=v1;    -- v1 的值(a)赋给 sevs(0)
        svec(1)<=v2;    -- v2 的值(a)赋给 sevs(1)
        svec(2)<=s1;    -- s1 的值(a)赋给 sevs(2)
        svec(3)<=s2;    -- s2 的值(b)赋给 sevs(3)
        v1:=b;          --立即将 v1 置为 b
        v2:=b;          --立即将 v2 置为 b
        s2<=b;          --由于该赋值语句对于 s2 为最后一个，所以将 s2 置为 b

        svec(4)<=v1;    -- v1 的值(b)赋给 sevs(4)
        svec(5)<=v2;    -- v2 的值(b)赋给 sevs(5)
```

　　　　　svec(6)<=s1;　　　-- s1 的值(a)赋给 sevs(6)

　　　　　svec(7)<=s2;　　　-- s2 的值(b)赋给 sevs(6)

　　　END PROCESS;

　　　c<=svec(0 TO 5);　　　--两边长度不一致，通过段下标取值

　　　d<=svec&'0'&s1;　　　--两边长度不一致，通过并置符补充位数

　END bb;

　　在用 MAX plus Ⅱ进行检查时，提示有一个警告，指出在对 s2 赋值时第一条语句无效；在编译时有两个警告，除了指出在对 s2 赋值时第一条语句无效外，还指出 d(8)与"地"相连。通过 MAX plus Ⅱ仿真的波形如图 6-1 所示。

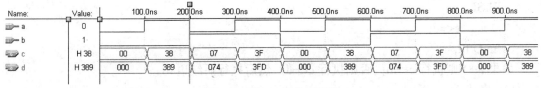

图 6-1　例 6-1 的仿真图形

6.1.2　流程控制语句

　　在 VHDL 语言顺序执行语句中，流程控制语句占了很大的比重。流程控制语句通过条件语句决定是否执行一条或几条语句，或者重复执行一条或几条语句，或者跳过一条或几条语句。常用的流程控制语句有 IF 语句、CASE 语句、LOOP 语句等。

1. IF 语句

　　IF 语句是一种条件语句，是 VHDL 顺序语句中最重要的语句结构之一，在进程、子程序中经常使用。它可以根据句中所设的一种或多种条件，有选择地执行指定的顺序语句。IF 语句的常用格式有以下三种。

　　(1) 格式 1：

　　　　IF 条件 THEN

　　　　　　顺序执行语句；

　　　　END IF;

该语句起到一个门闩控制的作用，当程序执行到该 IF 语句时，就要判断 IF 语句所指定的条件是否成立。如果条件成立，IF 语句所包含的顺序执行语句将被执行；如果条件不成立，程序跳过 IF 包含的顺序执行语句，向下执行 IF 的后续语句。

　　【例 6-2】

　　　　IF (a='1') THEN

　　　　　　c<=b;

　　　　END IF;

　　如果 a='1'则执行 c<=b；否则跳过 IF 语句执行后续语句。

　　(2) 格式 2：

　　　　IF 条件 THEN

　　　　　　顺序执行语句；

```
    ELSE
        顺序执行语句；
    END IF；
```

该语句起到选择控制的作用。当 IF 条件成立时，程序执行 THEN 和 ELSE 之间的顺序执行语句部分；当 IF 语句的条件不成立时，程序执行 ELSE 和 END IF 之间的顺序执行语句部分，即根据所指定的条件是否满足，程序可以选择两条不同的执行路径。

【例 6-3】

```
    IF(a='1') THEN
        c<=b;
    ELSE
        c<=d;
    END IF;
```

如果 a='1'则执行 c<=b；否则执行 c<=d，然后执行后续语句。

(3) 格式 3：

```
    IF 条件  THEN
        顺序执行语句；
    ELSIF 条件  THEN
        顺序执行语句；
        ⋮
    ELSIF 条件  THEN
        顺序执行语句；
    ELSIF 条件  THEN
        顺序执行语句；
        ⋮
    [ELSE
        顺序执行语句；]
    END IF;
```

该语句执行多选择控制功能。在这种语句中，可允许在一个语句中出现多重条件，即条件嵌套。它设置了多个条件，当满足所设置的多个条件之一时，就执行该条件后的顺序执行语句。当所有设置的条件都不满足时，程序执行 ELSE 和 END IF 之间的执行语句。其中 ELSE 后面的语句可以不用，当条件都不满足时，直接执行后续语句。在该语句中，也可以用 IF 语句的嵌套，即将 ELSIF 改写成 ELSE IF，但要注意的是，在 IF 语句中，每含有一个 IF 语句都要有一个 END IF 语句与其对应，所以采用 ELSE IF 后程序的可读性将会变差。

【例 6-4】

```
    LIBRARY IEEE;
    USE IEEE.STD_LOGIC_1164.ALL;
    ENTITY mux4 IS
        PORT( input: IN STD_LOGIC_VECTOR(3 DOWNTO 0);
```

```
        sel: IN STD_LOGIC_VECTOR(1 DOWNTO 0);
         y: OUT STD_LOGIC);
END mux4;
ARCHITECTURE be_mux4 OF mux4 IS
BEGIN
    PROCESS(input,sel)
    BEGIN
        IF(sel="00") THEN
            y<=input(0);
        ELSIF (sel="01") THEN
            y<=input(1);
        ELSIF (sel="10") THEN
            y<=input(2);
        ELSE
            y<=input(3);
        END IF;
    END PROCESS;
END be_mux4;
```

如果把该程序改写成例 6-5 的程序，执行的功能是一样的。

【例 6-5】

```
    USE IEEE.STD_LOGIC_1164.ALL;
    ENTITY mux4bak IS
    PORT( input: IN STD_LOGIC_VECTOR(3 DOWNTO 0);
          sel: IN STD_LOGIC_VECTOR(1 DOWNTO 0);
          y: OUT STD_LOGIC);
    END mux4bak;
    ARCHITECTURE be_mux4 OF mux4bak IS
    BEGIN
        PROCESS(input,sel)
        BEGIN
            IF(sel="00") THEN
                y<=input(0);
            ELSE
                IF (sel="01") THEN
                    y<=input(1);
                ELSE
                    IF (sel="10") THEN
                        y<=input(2);
                ELSE
```

```
                    y<=input(3);
                END IF;
            END IF;
        END IF;
    END PROCESS;
END be_mux4;
```

2. CASE 语句

CASE 语句根据满足的条件直接选择多项顺序语句中的一项执行，经常用来描述总线、编码和译码等行为。

CASE 语句格式如下：

CASE 表达式 IS

WHEN 条件表达式 1=>顺序执行语句；

WHEN 条件表达式 2=>顺序执行语句；

⋮

END CASE;

当执行到 CASE 语句时，首先计算条件表达式的值，然后根据条件句中与之相同的选择值执行对应的顺序执行语句，最后结束 CASE 语句。条件表达式可以是一个整数类型或者枚举类型的值，也可以是由这些数据类型的值构成的数组。

WHEN 的条件表达式可以有 4 种形式：

(1) WHEN 值=>顺序执行语句。

(2) WHEN 值|值|值|…|值=>顺序执行语句。

(3) WHEN 值 TO 值=>顺序执行语句。

(4) WHEN OTHERS=>顺序执行语句。

使用 CASE 语句需要注意以下几点：

(1) 条件句中的 "=>" 是操作符，它相当于 IF 语句中的 "THEN"。

(2) 条件句中的选择值必须在表达式的取值范围之内。

(3) CASE 语句中每一条语句的选择值只能出现一次，即不能有相同选择值的条件语句出现。

(4) CASE 语句执行中必须选中，且只能选中所列条件语句中的一条，即 CASE 语句至少包含一个条件语句。

(5) 除非所有条件句中的选择值能完全覆盖 CASE 语句中表达式的取值，否则最末一个条件句中的选择必须用 "OTHERS" 表示，它代表已给的所有条件句中未能列出的其他可能的取值。关键词 "OTHERS" 只能出现一次，且只能作为最后一条条件取值。这在表达式的类型为标准逻辑类型时务必要注意，因为该类型的取值有 9 种，要列出所有的取值工作量很大，也不必要，所以在最后一定要加上 WHEN OTHERS。

【例 6-6】

```
LIBRARY IEEE;
USE IEEE.STD_LOGIC_1164.ALL;
```

```
ENTITY decoder38 IS
    PORT(a,b,c,g1,g2a,g2b: IN STD_LOGIC;
        y: OUT STD_LOGIC_VECTOR(7 DOWNTO 0));
  END decoder38;
ARCHITECTURE behave38 OF decoder38 IS
    signal indata: STD_LOGIC_VECTOR(2 DOWNTO 0);
BEGIN
    indata<=c&b&a;
    PROCESS(indata,g1,g2a,g2b)
    BEGIN
        IF(g1='1' AND g2a='0' AND g2b='0') THEN
            CASE indata IS
                WHEN "000"=>y<="11111110";
                WHEN "001"=>y<="11111101";
                WHEN "010"=>y<="11111011";
                WHEN "011"=>y<="11110111";
                WHEN "100"=>y<="11101111";
                WHEN "101"=>y<="11011111";
                WHEN "110"=>y<="10111111";
                WHEN "111"=>y<="01111111";
                WHEN OTHERS=>y<="XXXXXXXX";      --这里用"OTHERS"代替其余没有
                                                --列出的可能取值情况
            END CASE;
        ELSE
            y<="11111111";
        END IF;
    END PROCESS;
END behave38;
```

与 IF 语句相比，CASE 语句组的程序可读性比较好。此外，IF 语句是有序的，先处理最起始、最优先的条件，后处理次优先的条件。CASE 语句是无序的，所有表达式的值都并行处理。因此，所有用 CASE 语句描述的功能语句均可以用 IF 语句进行替代，但是并非所有的 IF 语句都可以用 CASE 语句替代，比如要描述一个优先编码的电路就不能用 CASE 语句进行描述，但可以用 IF 语句进行描述。

3. LOOP 循环语句

LOOP 循环语句可以使所包含的一组顺序语句被循环执行，其执行次数由设定的循环参数决定。其常用的语法格式式有两种。

(1) 格式 1：

［标号］：FOR 循环变量 IN　离散范围　LOOP

　　　　　顺序处理语句；

　　　END LOOP [标号]；

　　这里的循环变量是一个临时变量，属于 LOOP 语句的局部变量，不必事先定义，只能作为赋值源，由 LOOP 语句自动定义，在 LOOP 语句中不要再使用其他与此变量同名的标识符。循环变量的循环范围由初值开始，每执行一次，就改变一次，直到达到指定的值。

　　　例如：ASUM: FOR i IN 1 TO 9 LOOP

　　　　　　　　sum :=1+sum;

　　END LOOP ASUM；

　　注意，这里的 sum 不能是信号，否则赋值就会出现错误；"i" 从 1 开始执行，每执行一次循环，"i" 自加 1，直到 "i" 的值增加到 9。

　　【例 6-7】8 位奇偶校验电路中：

　　　LIBRARY IEEE;

　　　USE IEEE.STD_LOGIC_1164.ALL;

　　　ENTITY pc IS

　　　　　PORT(a　　　: IN STD_LOGIC_VECTOR(7 DOWNTO 0);

　　　　　　　　y　　　: OUT STD_LOGIC);

　　　END pc;

　　　ARCHITECTURE behave OF pc IS

　　　BEGIN

　　　cbc: PROCESS(a)

　　　　　　VARIABLE tmp: STD_LOGIC;　　　　　--此处 tmp 只能是变量

　　　　BEGIN

　　　　　　tmp:='0';

　　　　　　FOR I IN 0 TO 7 LOOP

　　　　　　　tmp:=tmp XOR a(i);

　　　　　　END LOOP;

　　　　　　y<=tmp;

　　　　END PROCESS cbc;

　　　END behave;

　　(2) 格式 2：

　　　[标号]：WHILE　条件　LOOP

　　　　　顺序处理语句

　　　END LOOP [标号]；

　　在该语句中，没有给出循环次数的范围，而给出了循环执行顺序语句的条件，没有自动递增循环变量的功能。如果循环控制条件为真，则进行循环，否则结束循环。一般会在顺序处理语句中有修改循环条件的语句，使循环条件不满足，从而结束循环。

　　　例如：

　　　sum: = 0

　　　abcd: WHILE (i<10) LOOP

```
        sum  := i+sum;
        i:=i+1;                    --修改 I 的取值，使循环能够结束
END LOOP abcd;
```

在循环语句中还会用到 NEXT 与 EXIT 语句，用来结束循环或跳出循环。

(1) NEXT 语句。NEXT 语句用于控制内循环的结束。NEXT 语句的使用格式为

```
NEXT [标号][WHEN  条件];
```

其中"标号"与"WHEN 条件"可以省略。当"标号"与"WHEN 条件"都省略时，语句执行到该处时将无条件跳出本次循环；当有"标号"无"WHEN 条件"时，语句执行到该处时将无条件跳到标号处；当有"WHEN 条件"无"标号"时，语句执行到该处时判断条件，如果条件成立，语句将跳出本次循环；当既有"标号"又有"WHEN 条件"时，语句执行到该处时判断条件，如果条件成立，语句将跳出到标号处。

【例 6-8】

```
    PROCESS (a,b)
    CONSTANT max_limit: INTEGER:=255
    BEGIN
        FOR i IN 0 TO max_limit LOOP
            IF (done(i)=TRUE) THEN
                NEXT;                --无条件结束本次循环
            ELSE done(i):=TRUE;
            END IF;
        q(i)<=a(i) AND b(i);
        END LOOP;
    END PROCESS;
    ...
    L1 : FOR cnt_value IN 1 TO 8 LOOP
    s1:a(cnt_value) := '0';
            NEXT WHEN (b=c);            --当 b=c 时结束本次循环
    s2: a(cnt_value + 8 ):= '0';
    END LOOP L1;
```

【例 6-9】

```
    ...
    L_x: FOR cnt_value IN 1 TO 8    LOOP
        s1:    a(cnt_value):= '0';
            k := 0;
    L_y: LOOP
        s2: b(k) := '0';
            NEXT L_x WHEN (e>f);        --当 e>f 时结束本次循环，并跳到 L_x 处
        s3: b(k+8) := '0';
            k := k+1;
```

```
        NEXT LOOP L_y ;
        NEXT LOOP L_x ;
        …
```

(2) EXIT 语句。EXIT 语句用于结束 LOOP 循环状态，其使用格式为

EXIT [标号] [WHEN 条件];

其中"标号"与"WHEN 条件"可以省略。当"标号"与"WHEN 条件"都省略时，语句执行到该处时将无条件跳出整个循环；当有"标号"无"WHEN 条件"时，语句执行到该处时将无条件跳出整个循环，并从标号处往下执行；当有"WHEN 条件"无"标号"时，语句执行到该处时判断条件，如果条件成立，语句将跳出整个循环；当即有"标号"又有"WHEN 条件"时，语句执行到该处时判断条件，如果条件成立，语句将跳出整个循环，并从标号处往下执行。

【例 6-10】

```
    signal a, b : STD_LOGIC_VECTOR (1 DOWNTO 0);
    signal a_less_then_b : BOOLEAN;
    …

        a_less_then_b <= FALSE ;                    --设初始值
        FOR I IN 1 DOWNTO 0 LOOP
        IF (a(i)='1' AND b(i)='0') THEN
            a_less_then_b <= FALSE ;                -- a > b
        EXIT ;
        ELSIF (a(i)='0' AND b(i)='1') THEN
            a_less_then_b <= TRUE ;                 -- a < b
        EXIT;                                       --无条件结束整个循环
        ELSE    null;
        END IF;
    END LOOP;                                       --当 i=1 时返回 LOOP 语句继续比较
```

【例 6-11】

```
    PROCESS(a)
    VARIABLE int_a    :INTEGER;
    BEGIN
        int_a:=a;
        FOR i=0 IN 0 to max_limit LOOP
            IF (int_a<=0) THEN
                EXIT;                               --无条件结束整个循环
            ELSE
                int_a:=int_a-1;
                q(i)<=3.1416/real(a*i);
            END IF;
        END LOOP;
```

```
        y<=q;
    END PROCESS;
```

6.1.3　WAIT 语句

进程在执行过程中总是处于两种状态：执行或挂起。进程执行状态的转换可以通过进程中敏感信号的变化来控制，若敏感信号列表中有一个信号变化，则进程开始启动，处于执行状态，否则进程就处于挂起状态，直到下一次敏感信号再发生变化。进程的状态变化也可以用等待语句去控制，当进程执行到等待语句时，就被挂起，并等待条件满足或信号变化从而再次执行进程。

WAIT 等待语句的使用格式有 4 种：

(1) WAIT——无限等待。

(2) WAIT ON——等待敏感信号变化。

(3) WAIT　FOR——等待一段时间。

(4) WAIT　UNTIL——等待某个条件满足。

下面分别介绍这些语句的使用。

(1) WAIT 语句，当语句执行到该处时，进程将永远挂起。这种语句使用的情况很少。

(2) WAIT　ON 语句，该语句的使用格式为

WAIT ON　信号[,信号];

格式中的信号也可以称为敏感信号，当语句执行到该处时，等待信号发生变化，如果发生变化，则执行，否则进程处于挂起状态。WAIT ON 语句只对信号敏感，所以 WAIT ON 后面的条件必须要有一个是信号，否则进程将永远被挂起。

【例 6-12】

```
    PROCESS(a,b)
        BEGIN
            y<=a AND b;
    END PROCESS;
```

该例中的进程与下例中的进程相同。

【例 6-13】

```
PROCESS
    BEGIN
        y<=a AND b;
            WAIT ON a,b;        --该语句也可以放在 BEGIN 的下面
END PROCESS;
```

如果已经在括号中列出敏感信号，则在进程语句中不能再出现任何 WAIT 类型的语句。

(3) WAIT UNTIL 语句，该语句的使用格式为

WAIT UNTIL　布尔表达式;

当进程执行到该语句时被挂起，若布尔表达式为真，则进程将被启动。

WAIT　UNTIL 语句中，布尔表达式隐式地建立一个敏感信号量表，当表中的任何一个信号量发生变化时，就立即对表达式进行一次评测。如果表达式返回一个"真"值，则进

程将被启动。

(4) 超时等待语句，其使用格式为

WAIT FOR 时间表达式(一定要以时间为单位)；

在该语句中定义了一个时间段，从执行到当前的 WAIT 语句开始，在此时间段内进程处于挂起状态，超过这一时间段后，进程自动恢复执行。

【例 6-14】

WAIT FOR 20 ns;   --20 与 ns 之间必须要有一个空格

WAIT FOR A*T1＋T2;   --其中 T1 与 T2 为时间类型

(5) 复合 WAIT 语句。若在程序中所设置的等待条件永远不会满足，则进程永远不会启动，为防止进入无限等待情况，应在等待语句后面再加上其他条件，以防止进程一直处于挂起状态。

【例 6-15】

WAIT ON nmi,interrupt UNTIL ((nmi=TRUE) OR (interrupt=TRUE)) FOR 5 μs

该等待有三个条件：

第一，信号 nmi 和 interrupt 任何一个有一次刷新动作；

第二，信号 nmi 和 interrupt 任何一个为真；

第三，等待 5 μs。

只要一个或一个以上的条件被满足，进程就被启动，以防止出现条件一直不满足或信号一直无变化的情况。上面第一和第二条件不成立超过 5 μs 后，进程往下执行。

6.1.4 子程序顺序调用语句

子程序的调用分为过程调用与函数调用。在进程、子程序中调用子程序称为顺序调用，除此之外调用子程序称为并发调用。

1. 过程调用

过程调用就是执行一个给定过程名字和参数的过程。过程调用的语句格式为

过程名([形参名>=]实参表达式，…[形参名>=]实参表达式)；

一个过程的调用有三个步骤：① 将 IN 和 INOUT 模式的实参值赋给欲调用的过程中与它们对应的形参；② 执行这个过程；③ 将过程中 IN 和 INOUT 模式的形参值返回给对应的实参。

【例 6-16】

```
ENTITY sort4 IS
GENERIC (top : INTEGER :=3);
    PORT (a, b, c, d : IN BIT_VECTOR (0 TO top);
          ra, rb, rc, rd : OUT BIT_VECTOR (0 TO top));
END sort4;
ARCHITECTURE muxes OF sort4 IS
PROCEDURE sort2(x, y : INOUT BIT_VECTOR (0 TO top)) IS          --定义过程体
            VARIABLE tmp : BIT_VECTOR (0 TO top);
```

```
BEGIN
    IF x > y THEN    tmp := x;    x := y;        y := tmp;
    END IF;
END sort2;
BEGIN
    PROCESS (a, b, c, d)
            VARIABLE va, vb, vc, vd : BIT_VECTOR(0 TO top);
BEGIN
            va := a;    vb := b; vc := c;    vd := d;
sort2(va, vc);                              --调用过程
sort2(vb, vd);
sort2(va, vb);
sort2(vc, vd);
        sort2(vb, vc);
            ra <= va;    rb <= vb;    rc <= vc;    rd <= vd;
    END PROCESS;
END muxes;
```

2．函数调用

函数调用与过程调用十分相似，其不同之处在于函数调用将返还一个指定数据类型的值，函数的参量只能是输入值。函数调用格式为

信号<=函数名([形参名>=]实参表达式，… [形参名>=]实参表达式);

变量 :=函数名([形参名>=]实参表达式，… [形参名>=]实参表达式);

【例 6-17】

```
LIBRARY IEEE;
USE IEEE.STD_LOGIC_1164.ALL;
ENTITY fun IS
PORT(a:IN STD_LOGIC_VECTOR(0 TO 2);
  qout:OUT STD_LOGIC_VECTOR(0 TO 2));
END fun;
ARCHITECTURE one OF  fun  IS
FUNCTION sam(x,y,z:STD_LOGIC) RETURN STD_LOGIC IS        --定义函数体
BEGIN
    RETURN (x AND y)OR z;
    END  sam;
    BEGIN
        PROCESS(a)
            BEGIN
                qout(0)<=sam(a(0),a(1),a(2));                    --调用函数
```

```
        qout(1)<=sam(a(2),a(0),a(1));
        qout(2)<=sam(a(1),a(2),a(0));
    END PROCESS;
  END one;
```

6.1.5　其他顺序语句

在 VHDL 语言中，还经常使用空操作语句(NULL)、断言语句(ASSERT)、REPORT 语句等进行设计与仿真。

1．空操作语句(NULL)

空操作语句的格式如下：

NULL;

空操作语句常常用在 CASE 语句中。在 CASE 语句中，所有条件句中的选择值必须能完全覆盖 CASE 语句中表达式的取值，所以经常在最末一个条件句中用"OTHERS"表示没有列出的表达式的取值，如果不想改变任何电路结构，也可以用 NULL 语句表示什么都不做。

【例 6-18】

```
    CASE opcode IS
      WHEN   "001" =>   tmp := rega AND regb ;
      WHEN   "101" =>   tmp := rega OR regb ;
      WHEN   "110" =>   tmp := NOT rega ;
      WHEN   others  =>  NULL ;                    --在另外的情况下，电路不做任何动作
    END CASE ;
```

2．断言(ASSERT)、REPORT 语句

ASSERT 语句主要用于程序仿真、调试中的人机对话，它可以给出文字串作为警告或错误信息。ASSERT 与 REPORT 语句的使用格式为

ASSERT　条件　[REPORT　输出信息] [SEVERITY　级别]

如果条件为真，向下执行另一个语句；如果条件为假，则输出错误信息和错误严重程度的级别。在 REPORT 语句中的出错级别有：NOTE(注意)、WARNING(警告)、ERROR(错误)和 FAILURE(失败)。

REPORT 语句不增加任何语言功能，只是提供某种语句形式的输出。

【例 6-19】设计一个 RS 触发器，当"s='1'"与"r='1'"时输出出错信息。

```
    ENTITY srff IS
        PORT(s ,r: IN BIT;
             q,qbar:OUT BIT);
    END srff;
    ARCHITECTURE behavior OF srff IS
    BEGIN
        PROCESS(r,s)
```

```
        VARIABLE last_state:BIT:='0';
        BEGIN
            ASSERT (NOT (s='1' AND r='1'))
                REPORT "both s and r equal to 1"
                SEVERITY ERROR;
                IF (s='0' AND r='0') THEN
                    last_state:=last_state;
                ELSIF s='0' AND r='1' THEN
                    last_state:='0';
                ELSE
                    last_state:='1';
                END IF;
                q<=last_state AFTER 2 ns;
                qbar<=NOT last_state;
        END PROCESS;
    END behavior;
```

6.2　并发执行语句

　　相对于传统的软件描述语言而言,并行语句最能体现 VHDL 作为硬件设计语言的特点。各种并行语句在结构体中是同时并发执行的,其执行顺序与书写的顺序没有任何关系。注意,在一个结构体内存在多个进程语句时,每一个进程都是并发执行的,它们之间可以通过信号进行通信,但每个进程内部的语句是顺序执行的。只有灵活运行并行语句和顺序语句才能设计出符合 VHDL 语言要求和硬件特点的电路。在结构体中常用的并行语句有:并行信号赋值语句,进程语句,元件例化语句,块语句,生成语句,子程序调用语句等。其中块语句在 5.3 节进行了介绍,元件例化语句与生成语句常用于 VHDL 语言结构化的描述方式中,这部分内容将在 6.3 节中进行介绍。下面介绍并行信号赋值语句、多进程语句和子程序调用语句。

6.2.1　并行信号赋值语句

　　在 VHDL 语言中并行信号赋值语句主要有 3 种形式:简单信号赋值语句、条件信号赋值语句、选择信号赋值语句。这些信号的赋值是同时执行的,目标信号与信号的赋值源必须长度一致、类型一致,否则在检查编译时就会出错。

1. 简单信号赋值语句

　　简单信号赋值语句是 VHDL 并行语句结构中最基本的单元,信号的赋值语句在进程中使用的是顺序语句,但是在进程外即在结构体中则使用并发语句,相当于一个进程。简单信号赋值语句的使用格式为

　　赋值目标 <= 表达式;

【例6-20】

```
ARCHITECTURE behave OF a_var IS
BEGIN
            output<=a;                      --把 a 赋给 output
END behave;
```

该语句可以等效于:

```
ARCHITECTURE behave OF a_var IS
BEGIN
    PROCESS(a)
        BEGIN
            output<=a;                      --把 a 赋给 output
    END PROCESS;
END behave;
```

在信号赋值语句中如果两边类型不一致，则可以通过调用相关的程序包，运用类型转换函数进行类型转换；如果赋值两边长度不一致，可以通过并置符补充相应的位数，或者通过段下标进行赋值。信号代入语句的右边可以是算术表达式，也可以是逻辑表达式，还可以是关系表达式，所以可以仿真加法器、乘法器、除法器、比较器等多种逻辑电路。

2．条件信号赋值语句

条件信号赋值语句也是并发语句，它可以将符合条件的表达式代入信号量。其使用格式为

```
目的信号量<=表达式 1    WHEN  条件 1    ELSE
          表达式 2    WHEN  条件 2    ELSE
          表达式 3    WHEN  条件 3    ELSE
                ⋮
          表达式 n;
```

在执行条件赋值语句时，每个赋值条件是按书写的先后关系逐项测定的，一旦发现赋值条件为真，立即将表达式的值赋给目标信号。

【例6-21】四选一电路程序如下:

```
LIBRARY IEEE;
USE IEEE.STD_LOGIC_1164.ALL;
ENTITY mux44 IS
    PORT(i0,i1,i2,i3,a,b:IN STD_LOGIC;
    q: OUT STD_LOGIC);
END mux44;
ARCHITECTURE aa OF mux44 IS
    SIGNAL sel: STD_LOGIC_VECTOR(1 DOWNTO 0);
BEGIN
    sel<=b & a;
    q<= i0 WHEN sel="00" ELSE
```

```
        i1 WHEN sel="01" ELSE
        i2 WHEN sel="10" ELSE
        i3 ;
    END aa;
```

在该程序中最后一项可以不跟条件子句，用于表示以上条件都不满足时，将此表达式的值赋给目标信号。条件信号赋值语句的功能与顺序语句中 IF 语句相似，但是两者又存在不同之处：① IF 语句只能用在进程、子程序内部，是顺序执行的，而条件信号语句一般用在结构体中，是并发执行的；② 条件信号赋值语句中的 ELSE 一定要有，而 IF 语句中可有可无；③ 与 IF 语句不同，条件信号赋值语句不能进行嵌套。

3．选择信号赋值语句

选择信号赋值语句的使用格式为

```
    WITH  表达式  SELECT
    目的信号量<=表达式 1 WHEN  条件 1,
              表达式 2 WHEN  条件 2,
                    ⋮
              表达式 n WHEN  条件 n;
```

选择信号赋值语句的功能与 CASE 语句相似，该语句中也有敏感量，即关键词 WHEN后的条件表达式。每当条件表达式的值发生变化时，就将启动此语句对各子句的选择值进行对比，当发现有满足条件的子句时，就将此子句表达式的值赋给目标信号量。各个子条件选择值有要求，不允许有条件重叠现象，也不允许有条件覆盖不全的情况。其中 WHEN的条件表达式可以有 4 种形式：

(1) WHEN 值；

(2) WHEN 值|值|值|⋯|值；

(3) WHEN 值 TO 值；

(4) WHEN OTHERS。

【例 6-22】

```
        LIBRARY IEEE;
        USE IEEE.STD_LOGIC_1164.ALL;
        ENTITY mux45 IS
        PORT(i0,i1,i2,i3,a,b    :IN STD_LOGIC;
             q: OUT STD_LOGIC);
        END mux45;
    ARCHITECTURE bb OF mux45 IS
        SIGNAL sel: INTEGER RANGE 0 TO 3;
    BEGIN
        WITH sel SELECT
        q<=i0 WHEN 0,
            i1 WHEN 1,
            i2 WHEN 2,
```

```
        i3 WHEN 3;
    sel<=0 WHEN a='0' AND b='0' ELSE
        1 WHEN a='1' AND b='0' ELSE
        2 WHEN a='0' AND b='1' ELSE
        3 WHEN a='1' AND b='1' ;
END bb;
```

例 6-22 实现了一个四选一选择器的功能，该语句使用了条件信号赋值语句与选择信号赋值语句。因为是并发执行语句，所以选择信号赋值语句与条件信号赋值语句书写上没有先后顺序。sel 的取值仅有 0、1、2、3 四种情况，在选择信号赋值语句中不需要"OTHERS"语句。

6.2.2　多进程语句

进程语句是最主要的并行语句，它在 VHDL 程序设计中使用得最频繁，也是最能体现硬件描述语言特点的一种语句。在进程内部的语句是顺序执行的，但是在一个构造体中多个 PROCESS 语句则是并发执行的，该语句有如下特点：

(1) 可以和其他进程语句同时执行，并可以存取构造体和实体中所定义的信号。

(2) 进程中的所有语句都按照顺序执行。

(3) 为启动进程，在进程中必须包含一个敏感信号表或 WAIT 语句。

(4) 进程之间的通信是通过信号量来实现的。

【例 6-23】

```
LIBRARY IEEE;
USE IEEE.STD_LOGIC_1164.ALL;
USE IEEE.STD_LOGIC_UNSIGNED.ALL;
ENTITY count60 IS
PORT(clk: IN STD_LOGIC;
    co: OUT STD_LOGIC;
    bcd1p: OUT STD_LOGIC_VECTOR(3 DOWNTO 0);
    bcd10p: OUT STD_LOGIC_VECTOR(2 DOWNTO 0));
END count60;
ARCHITECTURE behave OF count60 IS
SIGNAL bcd1n: STD_LOGIC_VECTOR(3 DOWNTO 0);
SIGNAL bcd10n: STD_LOGIC_VECTOR(2 DOWNTO 0);
BEGIN
    bcd1p<=bcd1n;
    bcd10p<=bcd10n;
  kk1: PROCESS(clk)
    BEGIN
        IF(clk'event AND clk='1') THEN
            IF(bcd1n="1001" ) THEN
```

```
                        bcd1n<="0000";
                    ELSE
                        bcd1n<=bcd1n+'1';
                    END IF;
                END IF;
        END PROCESS kk1;


    kk2:   PROCESS(clk)
        BEGIN
            IF(clk'event AND clk='1') THEN
                IF (bcd1n="1001") THEN
                    IF(bcd10n="101") THEN
                        bcd10n<="000";
                    ELSE
                        bcd10n<=bcd10n+'1';
                    END IF;
                END IF;
            END IF;
        END PROCESS kk2;
    kk3: PROCESS(bcd10n,bcd1n)
        BEGIN
            IF   bcd1n="1001" AND bcd10n="101" THEN
                co<='1';
            ELSE
                co<='0';
            END IF;
        END PROCESS kk3;
    END behave;
```

　　例 6-23 为一个按 BCD 码计数的六十进制的计数器，其中包含了三个进程：第一个进程为一个十进制计数器进程；第二个进程为一个六进制计数器进程，当个位数计数到 9 时，再来一个脉冲则十位数进行计数；第三个进程为产生进位信号的进程，当个位数为 9、十位数为 5 时，则再来一个脉冲，计数值清零，同时产生一个进位信号。第二个进程需要用到第一个进程的个位计数值，第三个进程需要用到第一个进程的个位计数值和第二个进程的十位计数值。由例可知，进程之间的通信都是通过信号"bcd1n"、"bcd10n"进行的。

6.2.3　并行子程序调用语句

　　子程序的调用可以在顺序语句中进行，也可以在并发语句中进行。并行子程序调用可以作为一个并行语句直接出现在结构体或块语句中，其中并行过程调用等同于包含一个子程序调用语句的进程。并行子程序调用语句的调用格式与前面讲的顺序子程序调用语句是相同的。并行子程序调用可以分为并行过程调用语句与并行函数调用语句。

1. 并行过程调用语句

并行过程调用语句的格式为

[标号:]过程名(关联参数名);

过程调用语句可以并发执行，但要注意如下问题:

(1) 并发过程调用是一个完整的语句，在它之前可以加标号。

(2) 并发过程调用语句应带有 IN、OUT 或 INOUT 的参数，它们应该列在过程名后的括号内。

(3) 并发过程调用可以有多个返回值。

【例 6-24】

```
        ARCHITECTURE…
        BEGIN
    VECTOR_TO_INT(z,x_flag,q);
    …
        END;
```

等同于:

```
            ARCHITECTURE…
        BEGIN
    PROCESS(z,q)
    BEGIN
        VECTOR_TO_INT(z,x_flag,q);
        …
    END PROCESS;
        END;
```

2. 并行函数调用语句

并行函数调用与顺序函数调用基本相同，并行函数调用也是一个完整的语句，其不同之处是调用函数将返还一个指定数据类型的值，函数的参量只能是输入值。函数返回值只有一个，就是函数的本身，所以在调用函数时必须要有一个赋值目标，而把函数的返回值作为赋值源。并行函数调用语句的使用格式为

信号<=函数名([形参名>=]实参表达式, … [形参名>=]实参表达式);

【例 6-25】

```
    LIBRARY IEEE;
    USE IEEE.STD_LOGIC_1164.ALL;
    ENTITY fun IS
        PORT(A:IN STD_LOGIC_VECTOR(0 TO 2);
        qout:OUT STD_LOGIC_VECTOR(0 TO 2));
    END fun;
    ARCHITECTURE one OF   fun   IS
        FUNCTION sam(x,y,z:STD_LOGIC) RETURN STD_LOGIC IS
```

```
    BEGIN
    RETURN (x AND y)OR z;
    END   sam;
BEGIN
    qout(0)<=sam(a(0),a(1),a(2));
    qout(1)<=sam(a(2),a(0),a(1));
    qout(2)<=sam(a(1),a(2),a(0));
END one;
```

6.3　VHDL 的描述风格

　　前面已经介绍了结构体常用的语句，对于所希望的电路功能行为，可以在结构体中用不同的语句类型和描述方式来表示。对于相同的逻辑行为，可以有不同的语句表达方式，称之为 VHDL 语言的描述风格或描述方式。在 VHDL 语言中通常有三种描述方式：行为描述方式、数据流描述方式和结构描述方式。在实际应用中，为了能够兼顾整个设计的功能、资源、性能几个方面的因素，通常混合使用这三种描述方式。

6.3.1　行为描述方式

　　如果结构体只描述了电路的功能或者电路行为，没有直接指明或涉及实现这种行为的硬件结构，则称之为行为描述。行为描述只表示输入与输出之间的转换行为，不包含任何结构信息。行为描述主要使用函数、过程和进程语句以及算法形式描述数据的转换和传送。而所谓的硬件结构，是指具体硬件电路的连接结构、逻辑门的组成结构、元件或其他各种功能单元的层次结构等。行为描述用于描述数字系统的行为，主要用于仿真和系统工作原理的研究。随着 VHDL 语言综合器功能的日益强大，它已经可以对大多数行为级描述进行综合。

　　【例 6-26】

```
    LIBRARY IEEE;
    USE IEEE.STD_LOGIC_1164.ALL;
    USE IEEE.STD_LOGIC_UNSIGNED.ALL;
    ENTITY counter IS
    PORT(reset,clk:IN STD_LOGIC;
        counter:OUT STD_LOGIC_VECTOR(3 DOWNTO 0));
    END counter;
    ARCHITECTURE behave OF counter IS
        SIGNAL cnt:STD_LOGIC_VECTOR(3 DOWNTO 0);
    BEGIN
        PROCESS(clk,reset)
        BEGIN
            IF reset='1' THEN
```

```
        cnt<="0000";
        ELSIF clk'event AND clk='1' THEN
        cnt<=cnt+1;
        END IF;
    END PROCESS;
        counter<=cnt;
    END behave;
```

该程序描述的是一个具有复位功能的计数器。在程序中，不存在任何与硬件选择相关
的语句，也不存在任何有关硬件内部连线的语句。整个程序只对所设计的电路系统的行为
功能作了描述，不涉及任何具体器件方面的内容，也即对于电路设计人员来讲，采用行为
级设计，不需要设计人员掌握太多的硬件电路知识。相对于其他硬件描述语言，VHDL 语
句具有强大的行为设计能力，所以在 VHDL 语言设计中，综合器完成的工作量是巨大的，
而设计者所做的工作就相对减少了。虽然 VHDL 语言的综合器具有强大的功能，但是并非
所有的行为级描述语句都可以进行综合，这要看设计人员选择什么样的综合器。不同厂家、
不同版本的综合器，其综合和优化效率是不一致的，优秀的 VHDL 综合器对 VHDL 设计的
数字系统产品的工作性能和性价比都会有良好的影响。

6.3.2　数据流描述方式

数据流描述方式也称 RTL 描述方式。RTL 是寄存器传输语言的简称，所以也可称为寄
存器传输级描述。数据流描述方式以规定的设计中的各种寄存器形式为特性，然后在寄存
器之间插入组合逻辑。一般地，VHDL 的数据流描述方式类似于布尔方程，可以描述时序
电路，也可以描述组合电路，它既含有逻辑单元的结构信息，又隐含有某种行为。数据流
描述主要指非结构化的并行语句描述。

数据流的描述是建立在用并行信号赋值语句描述基础上的，当语句中任一输入信号的
值发生改变时，赋值语句就被激活，随着这种语句对电路行为的描述，大量有关这种结构
的信息也从这种逻辑描述中"流出"。认为在一个设计中，数据是从输入到输出流出的观点
称之为数据流描述方式。数据流描述直观地表达了电路底层的逻辑行为，是一种可以进行
逻辑综合的描述方式。

【例 6-27】

```
    LIBRARY IEEE;
    USE IEEE.STD_LOGIC_1164.ALL;
    ENTITY ls18 IS
    PORT(i0a,i0b,i1a,i1b,i2a,i2b,i3a,i3b:IN STD_LOGIC;
        qa,qb:OUT STD_LOGIC);
    END ls18;

    ARCHITECTURE model OF ls18 IS
    BEGIN
        qa<=NOT(i0a AND i1a AND i2a AND i3a) AFTER 55 ns;
```

　　qb<=NOT(i0b AND i1b AND i2b AND i3b) AFTER 55 ns;
　　END model;

6.3.3　结构描述方式

　　所谓结构描述，是指描述该设计单元的硬件结构，即该硬件是如何构成的，其主要采用元件例化语句及配置语句来描述元件的类型及元件的互连关系。利用结构描述可以用不同类型的结构来完成多层次的工程，即用门电路和元件来描述整个系统。元件间的连接是通过定义的端口界面来实现的，其风格最接近实际的硬件结构，即设计中的元件是互连的。结构描述表达了元件之间的互连关系，这种描述允许互连元件按层次安置。注重调用已有的元件、元件或门级电路之间的连线是结构描述的特点。采用结构描述可以提高设计效率，其设计步骤如下。

1. 声明元件

　　在调用一个元件前，必须对它进行声明。元件声明语句用于调用已生成的元件，这些元件可能在库中，也可能是预先编写的元件实体描述。元件声明语句可以在结构体(ARCHITECTURE)、程序包(PACKAGE)、块语句(BLOCK)的说明部分。元件声明语句的格式为

　　　　COMPONENT　元件名
　　　　PORT　说明;　　　--端口说明
　　　　END COMPONENT;

2. 调用元件

　　在声明元件之后，就可以对元件进行调用了，调用元件的格式为

　　标号名:元件名 PORT MAP(信号,…);　或　标号名:元件名 GENERIC MAP(信号,…);

　　在调用元件时，要进行本设计与调用元件之间的信号映射，实现该映射的方式有两种：位置映射和名称映射。

　　(1) 位置映射。位置映射是指设计单元与调用元件之间的信号的对应关系是按位置进行对应的，从左到右按顺序进行对应，这是一种常用的对应关系，也是比较简单的对应关系。采用位置映射时，要求设计人员对应调用元件的端口信号书写先后顺序要非常了解，对于复杂的设计元件，在端口数目比较多的情况下，容易发生位置上的错误。

　　例如，有一元件的端口说明为

　　PORT (a,b: IN BIT;
　　　　c: OUT BIT);

　　则调用该元件时：

　　u2: 元件名　PORT MAP(n1,n2,m);

　　这里 n1 对应 a, n2 对应 b, m 对应 c。

　　(2) 名称映射。该映射就是将库中已有模块的端口名称赋予设计中的信号名。按上例中元件的端口说明调用该元件时，如果采用名称映射，则调用语句为

　　u2: 元件名　PORT MAP(a=>n1, b=>n2, c=>m);

　　在调用该元件时，设计电路的信号 n1 对应元件中的信号 a, 设计电路的信号 n2 对应元

件中的信号 b，设计电路的信号 m 对应元件中的信号 c。

下面通过一个 4 位加法器介绍结构化设计的全过程，4 位加法器的结构如图 6-2 所示。

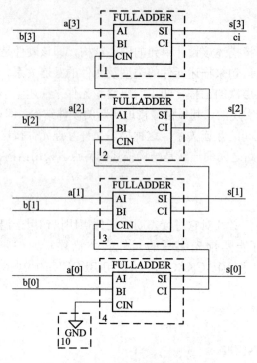

图 6-2　4 位加法器结构

这是一个串行移位 4 位加法器，输入是两个 4 位的位矢量 a、b，输出为一个 4 位的位矢量 s 及一个向高位的进位 c_i。也即如果设计 4 位加法器，可以调用 4 次全加器，同时全加器又可以由两个半加器及一个或门构成，其构成电路如 6-3 图所示。

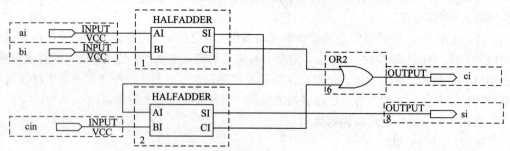

图 6-3　全加器原理

在设计全加器的过程中要调用半加器 2 次、或门 1 次。因此，对于所要设计的 4 位加法器，可以用全加器构成，而全加器又由半加器和或门构成。

【例 6-28】由全加器构成 4 位加法器的程序如下：

```
ENTITY adder4 IS
PORT(a4,b4:IN BIT_VECTOR(3 DOWNTO 0);
    s4: OUT BIT_VECTOR(3 DOWNTO 0);
    ci:OUT BIT);
```

```
END adder4;
ARCHITECTURE connect OF adder4 IS
    signal c4:BIT_VECTOR(3 DOWNTO 0);
COMPONENT fulladder
    PORT(ai,bi,cin:IN BIT;
            si,ci:OUT BIT);
END COMPONENT;
 BEGIN
    c4(0)<='0';
    u0:fulladder PORT MAP(a4(0),b4(0),c4(0),s4(0),c4(1));
    u1:fulladder PORT MAP (a4(1),b4(1),c4(1),s4(1),c4(2));
    u2:fulladder PORT MAP (a4(2),b4(2),c4(2),s4(2),c4(3));
    u3:fulladder PORT MAP (a4(3),b4(3),c4(3),s4(3),ci);
END connect;
```

在该程序中调用了 4 次全加器，电路中的信号与元件的信号对应关系采用的是位置映射的方式。

【例6-29】全加器的设计程序如下：

```
ENTITY fulladder IS
PORT(ai,bi,cin:IN BIT;
    si,ci:OUT BIT);
END fulladder;
ARCHITECTURE connect OF fulladder IS
    signal sin,ci1,ci2:BIT;
COMPONENT halfadder
    PORT(ai,bi:IN BIT;
            si,ci:OUT BIT);
END COMPONENT;
 BEGIN
 u0:halfadder PORT MAP(ai,bi,sin,ci1);
 u1:halfadder PORT MAP(sin,cin,si,ci2);
 ci<=ci1 OR ci2;
END connect;
```

因为或关系是标准逻辑关系，所以在设计过程中可以直接用"OR"表示或门，不必再对或门进行申明与调用了。

【例6-30】半加器的程序如下：

```
ENTITY halfadder IS
PORT(ai,bi:IN BIT;
    si,ci:OUT BIT);
END halfadder;
```

```
ARCHITECTURE connect OF halfadder IS
BEGIN
  calc:PROCESS(ai,bi)
BEGIN
    IF(ai='1' AND bi='1') THEN
        si<='0';
        ci<='1';
    ELSIF((ai='0' AND bi='1') OR (ai='1' AND bi='0'))THEN
        si<='1';
        ci<='0';
    ELSE
        si<='0';
        ci<='0';
    END IF;
  END PROCESS;
END connect;
```

6.3.4　生成语句

在设计 4 位加法器时，分别用了 4 个元件例化语句实现 4 次全加器的调用，分析这 4 行语句发现其有一定的规律可循：第 2 行的对应信号比第 1 行的对应信号在下标上增加 1，这就可以用生成语句来编写程序。生成语句是一个可以用来产生多个相同结构和描述规则的语句，用于简化一些有规律的设计结构的逻辑描述。在设计中，只要根据某些条件设计好某一元件或单元，就可以用生成语句复制一组完全相同的并行元件或单元电路结构。生成语句有以下两种格式。

格式 1：

标号：FOR 变量　IN　不连续区间　GENERATE

　　　　<并发处理的生成语句>；

END　　GENERATE [标号名]；

FOR … GENERATE 形式的生成语句用于描述多重模式，结构中所列举的是并发处理语句。这些语句并发执行，因此结构中不能使用 EXIT 语句和 NEXT 语句。

格式 2：

标号：　IF 条件　GENERATE

　　　　<并发处理的生成语句>；

END　　GENERATE [标号名]；

IF … GENERATE 形式的生成语句用于描述结构中例外的情况，比如边界处发生的特殊情况。IF … GENERATE 语句在 IF 条件为"真"时才执行结构体内部的语句，这与顺序执行语句中的 IF 语句不同(在该语句中，其执行的过程是并发的)，因此在这种结构中不能含有 ELSE 语句。一般 GENERATE 语句主要应用于计算机存储阵列及寄存器阵列等方面。

【例 6-31】在上面介绍的 4 位加法器程序中，如果把调用 4 次全加器的语句用生成语句表达，则程序如下。

```
…
u0:FOR I IN 0 TO 3 GENERATE
u1:IF i=0 GENERATE
    add:fulladder generic MAP(a4(i),b4(i),gnd,s4(i),c4(i+1));
END GENERATE;
u2:IF i=3 GENERATE
    add:fulladder generic MAP(a4(i),b4(i),c4(i),s4(i),ci);
END GENERATE;
    add:fulladder generic MAP(a4(i),b4(i),c4(i),s4(i),c4(i+1));
END GENERATE;
END GENERATE;
…
```

在该语句中把 i 为 0 与 i 为 3 的情况排除在外，用一个 FOR … GENERATE 语句完成。如果仅用 FOR … GENERATE 语句完成该功能，则 4 位全加器的构造体语句见例 6-32。

【例 6-32】

```
…
ARCHITECTURE connect OF adder4 IS
    signal c4:BIT_VECTOR(4 DOWNTO 0);
COMPONENT fulladder
    PORT(ai,bi,cin:in bit;
        si,ci:OUT BIT);
END COMPONENT;
BEGIN
    c4(0)<='0';
u0:FOR I IN 0 TO 3 GENERATE
    add:fulladder generic MAP(a4(i),b4(i),c4(i),s4(i),c4(i+1));
    END GENERATE;
    ci<=c4(4);
END connect;
…
```

6.4　其他语句和说明

6.4.1　属性描述与定义语句

在 VHDL 语言中，属性(ATTRIBUTE)的功能是用来描述设计实体的构成部分、数据类型和对象的指定特征以及相应的特性。通过预定义属性描述语句，可以获得客体对象的有关值、功能、类型及范围。利用属性定义可以写出更加简明扼要的、可读性强的程序模块。属性功能有许多重要应用，可以用来检出时钟边沿，完成定时检查，从块结构、信号或子类型中获取数据，获取未约束的数据类型的范围，等等。

预定义属性有 6 类：

(1) 数值类属性函数，返回一个简单值。

(2) 函数类属性函数，返回一个值，执行函数请求。

(3) 信号类属性函数，从另一个信号得出值，建立一个新信号值。

(4) 数据类型类属性函数，返回一个类型标识。

(5) 数据区间类属性函数，返回一个范围的值。

(6) 自定义类属性。

1. 数值类属性

数值类属性用来得到数组、块或者一般数据的有关值，其分类如下：

T'LEFT——得到数据类或子类区间最左端的值；

T'RIGHT——得到数据类或子类区间最右端的值；

T'HIGH——得到数据类或子类区间的高端值；

T'LOW——得到数据类或子类区间的低端值；

T'LENGTH——得到数组的长度值。

另外还有'STRUCTURE 与'BEHAVIOR 属性，用于块和结构体。如果块有标号说明或者结构体有结构体说明，而且在块和结构体中不存在 COMPONENT 语句，那么'BEHAVIOR 属性将得到"TRUE"的信息；如果在块和结构体中只有 COMPONENT 语句或被动进程，那么属性'STRUCTURE 将得到"TRUE"的信息。

2. 函数类属性

函数类属性是指属性以函数的形式出现，其分类如下：

(1) 数据类属性。利用数据类属性函数可以得到有关数据类型的各种信息，如：

T'POS(X)——得到输入 X 值的位置序号；

T'VAL(X)——得到输入位置序号 X 的值；

T'SUCC(X)——得到输入 X 值的下一个值；

T'PRED(X)——得到输入 X 值的前一个值；

T'LEFOF(X)——得到邻近输入 X 值左边的值；

T'RIGHTOF(X)——得到邻近输入 X 值右边的值。

(2) 数组类属性。利用数组类属性函数可以得到数组的区间，如：

T'LEFT(n)——得到索引号为 n 的区间左端的位置号；

T'RIGHT(n)——得到索引号为 n 的区间右端的位置号；

T'HIGN(n)——得到索引号为 n 的区间的高端位置号；

T'LOW(n)——得到索引号为 n 的区间的低端位置号。

在这里 n 是指多维数组中所定义的多维区间的序号，当 n 为默认值时，代表对一维区间进行操作。T 指的是一个数组，如果数组的元素是递增排列的，则 T'LEFT 等于 T'HIGH，T'RIGHT 等于 T'LOW；如果数组为递减排列的，则对应关系相反。

(3) 信号的函数类属性。信号函数类属性用来得到信号的行为信息，如：

S'EVENT——如果在当前一个相当小的时间间隔内事情发生了变化，那么函数将返回一个为"TRUE"的布尔量，否则返回"FALSE"。

S'ACTIVE——如果在当前一个相当小的时间间隔内信号发生了改变，那么函数将返回一个为"TRUE"的布尔量，否则返回"FALSE"。

S'LAST_EVENT——该属性函数将返回一个时间值，即从信号前一个事情发生到现在所经过的时间。

S'LAST_VALUE——该属性函数将返回一个值，该值是信号最后一次改变以前的值。

S'LAST_ACTIVE——该属性函数将返回一个时间值，即从信号前一次改变到现在的时间。

信号的函数类属性主要用于时钟的边沿检测。例如我们要检测一个时钟的上升沿，则可以使用如下语句：

IF clk'EVENT AND clk='1' THEN

这个语句对于 BIT 类型的信号没有问题，但是如果 clk 的类型为 STD_LOGIC，则该语句不能保证检测出来的信号一定是上升沿，因为 STD_LOGIC 类型的取值有 9 种，任意一种状态跳到"1"状态时，该语句都将返回一个真值。如果把上面的语句改写成如下语句：

IF clk'EVENT AND clk='1' AND clk'LAST_VALUE='0'　THEN

则对于 STD_LOGIC 类型的信号就能检测出上升沿了。如果是检测下降沿，则将语句改写成如下形式：

IF clk'EVENT AND clk='0' AND clk'LAST_VALUE='1'　THEN

另外，对于 STD_LOGIC 类型的信号，可以通过 RISING_EDGE(clk)来检测时钟的上升沿。

3．信号类属性

信号类属性用于产生一种特别的信号，这个信号是以所加属性的信号为基础而形成的。信号类属性有 4 种：

S'DELAYED[(time)]——该属性将产生一个延时信号，其信号类型与该属性所加的信号相同，即以属性所加的信号为参考信号，经过括号内时间表达式所确定的时间延时后所得的延时信号。

S'STABLE[(time)]——该属性可以建立一个布尔信号，在括号内的时间表达式所说明的时间内，若参考信号没有发生事件，则该属性可以得到"TRUE"的结果。

S'QUIET[(time)]——该属性可以建立一个布尔信号，在括号内的时间表达式所说明的时间内，若参考信号没有发生转换或其他事件，则该属性可以得到"TRUE"的结果。

S'TRANSACTION[(time)]——该属性可以建立一个 BIT 类型的信号，在括号内的时间表达式所说明的时间内，当属性所加的信号发生转换或事件时，其值将发生改变。

注意，上述信号类属性不能用于子程序中，否则程序在编译时会出现编译错误信息。

4．数据类型类属性

利用该属性 T'BASE 可以得到数据类型的一个值，它仅仅是一种类型属性，而且必须使用数值类或函数类属性的值来表示。

【例 6-33】

```
...
TYPE time IS (sec,min,hour,day,mouth,year);
TYPE time_a IS time RANGE sec TO year;
VARIABLE a:time;
BEGIN
    a:=time'BASE'RIGHT;                --a=year
...
```

5．数据区间类属性

数据区间类属性有两类：

T'RANGE[(n)]

T'REVERSE_RANGE[(n)]

属性'RANGE 将返回由参数 n 值所指出的第 n 个数据区间，而'REVERSE_RANGE 将返回一个次序颠倒的数据区间。

例如对于 signal data_bus:STD_LOGIC_VECTOR(15 DOWNTO 0)；语句，有：

data_bus'RANGE=15 DOWNTO 0;

data_bus'REVERSE_RANGE=0 TO 15;

6.4.2　文本文件操作(TEXTIO)

TEXTIO 程序包是 STANDARD 库中的一个通用程序包，是 VHDL 语言提供的预定义程序包之一。TEXTIO 程序包允许设计者读出或写入格式化的文本文件、过程和函数。

TEXTIO 程序包在处理文本文件之前，要进行行类型说明。文件行的类型说明用于对文本文件行的读写操作，这种行结构是执行 TEXTIO 程序包所有操作的基本单元。

读一个文本文件，先从文件中把一行文字读到行结构变量中，然后再按字段方式处理行结构。写一个文本文件，次序与读文件相反，首先逐个字段构造一个行结构，然后把这个行的数据写到文件中去。通过 TEXTIO 程序包读写文件的过程可知，TEXTIO 按行对文件进行处理，一行为一个字符串，并以回车、换行符作为结束符。TEXTIO 程序包提供了读写一行的过程及检查文件结束的函数。

(1) 从指定文件中读一行的语句格式：

READLINE　(文件变量，行变量)；

(2) 从一行中读一个数据的语句格式：

READ(行变量，数据变量)

(3) 写一行到输出文件的语句格式：

WRITE LINE　(文件变量，行变量)：

(4) 写一个数据到行变量的语句格式：

WRITE (行变量，数据变量)；

(5) 文件结束检查的语句格式：

ENDFILE　(文件变量)；

【例6-34】

```
LIBRARY IEEE;
LIBRARY STD;
USE IEEE.STD_LOGIC_1164.ALL;
USE IEEE.STD_LOGIC_UNSIGNED.ALL;
USE IEEE.STD_LOGIC_TEXTIO.ALL;
USE STD.TEXTIO.ALL;
ENTITY simtop IS
END simtop;
ARCHITECTURE sim OF simtop IS
    COMPONENT cn8
        PORT(clk,reset:IN STD_LOGIC;count:OUT STD_LOGIC_VECTOR(7 DOWNTO 0));
    END COMPONENT;
    FILE inv:TEXT IS IN bar.in;
    FILE outv:TEXT IS OUT bar.out;
    SIGNAL clkin,resetin:STD_LOGIC;
    SIGNAL count:STD_LOGIC_VECTOR(7 DOWNTO 0);
    CONSTANT clk_cycle:TIME:=10 ns;
    CONSTANT stb:TIME:=2 ns;
BEGIN
    u1:cn8 PORT MAP(clk=>clkin,reset=>resetin,count=>count);
    PROCESS
        VARIABLE li,lo:LINE;
        VARIABLE clk,reset:STD_LOGIC;
    BEGIN
        read(li,clk);
        read(li,reset);
        clkin<=clk;
        resetin<=reset;
        WAIT FOR clk_cycle_stb;
        WRITE(lo,count,left,8);
        WRITE(lo,count,right,3);
        WRITE(outv,lo);
        WAIT FOR stb;
        IF(ENDFILE(inv)) THEN
            WAIT;
        END IF;
    END PROCESS;
END SIM;
```

6.5 实　　训

6.5.1　医院护士室指示电路设计

一、实训目的

学会运用优先编码的原理设计组合逻辑电路，掌握 IF 语句的使用方法。

二、实训原理与要求

某医院有一、二、三、四号病室 4 间，每室设有呼叫按钮，同时在护士值班室内对应地装有一号、二号、三号、四号 4 个指示灯。现要求当一病室的按钮按下时，无论其他病室的按钮是否按下，只有一号灯亮。当一号病室的按钮没有按下而二号病室的按钮按下时，无论三号、四号病室的按钮是否按下，只有二号灯亮。当一号、二号病室的按钮没有按下而三号病室的按钮按下时，无论四号病室的按钮是否按下，只有三号灯亮。只有在一、二、三号病室的按钮都没有按下而四号病室的按钮按下时，四号灯才亮。其真值表见表 6-1。

表 6-1　医院护士室指示电路的输入输出真值表

输　　入				输　　出			
按键 1	按键 2	按键 3	按键 4	灯 A	灯 B	灯 C	灯 D
1	×	×	×	1	0	0	0
0	1	×	×	0	1	0	0
0	0	1	×	0	0	1	0
0	0	0	1	0	0	0	1
0	0	0	0	0	0	0	0

注：输入为"1"表示按键按下，"×"表示按键可以为按下，也可为没有按下；输出为"1"表示对应的指示灯亮。

三、实训内容

(1) 分析电路的原理，弄清其逻辑功能。

(2) 用 VHDL 语言设计一个能够满足上述功能的电路。

(3) 进行软件仿真，分析其逻辑功能与时序特点。

(4) 以按键表示输入、发光二极管表示输出，把程序下载到实验板中验证所设计电路的正确性。

四、实训步骤(略)

五、器件下载编程与硬件实现

在进行硬件测试时，选择 4 个按键作为 4 个数据输入信号，用 4 个 LED 灯作为数据输出指示显示，按下按键查看对应的输出指示灯是否亮。硬件对应示意表如表 6-2 所示。

表 6-2　硬件对应示意表

输　　入				输　　出			
D1(按键 1)	D2(按键 2)	D3(按键 3)	D4(按键 4)	A(LED1)	B(LED2)	C(LED3)	D(LED4)
1	×	×	×	亮	灭	灭	灭
0	1	×	×	灭	亮	灭	灭
0	0	1	×	灭	灭	亮	灭
0	0	0	1	灭	灭	灭	亮
0	0	0	0	灭	灭	灭	灭

注："0"表示按键没有按下，"1"表示按键按下。

本实训的硬件结构示意图如图 6-4 所示。

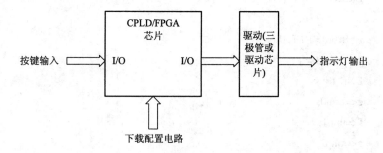

图 6-4　硬件结构示意图

六、实训报告

(1) 说明实训项目的工作原理、优先编码的原理及所需要的器材。

(2) 写出设计源程序，并进行解释。

(3) 写出软件仿真结果，并进行分析。

(4) 说明硬件原理与测试情况。

(5) 写出心得体会。

七、参考源程序

```
LIBRARY IEEE;
USE IEEE.STD_LOGIC_1164.ALL;
USE IEEE.STD_LOGIC_UNSIGNED.ALL;
ENTITY aa IS
    PORT(a,b,c,d: IN STD_LOGIC;
        e,f,g,h : OUT STD_LOGIC);
END aa;
ARCHITECTURE behave OF aa IS
```

```
BEGIN
    PROCESS(a,b,c,d)
        VARIABLE tmp0,tmp1,tmp2,tmp3: STD_LOGIC;
    BEGIN
        tmp0:='0';
        tmp1:='0';
        tmp2:='0';
        tmp3:='0';
        IF (a='1') THEN
            tmp0:='1';
        ELSIF(b='1') THEN
            tmp1:='1';
        ELSIF(c='1') THEN
            tmp2:='1';
        ELSIF(d='1') THEN
            tmp3:='1';
        END IF;
        e<=tmp0;
        f<=tmp1;
        g<=tmp2;
        h<=tmp3;
    END PROCESS;
END behave;
```

6.5.2 74LS160 计数器功能模块设计

一、实训目的

(1) 学会用 VHDL 语言设计时序电路。

(2) 用 VHDL 语言设计 74LS160 计数器功能模块。

二、实训原理

计数器是最常用的寄存器逻辑电路，从微处理器的地址发生器到频率计都需要用到计数器。一般计数器可以分为两类：加法计数器和减法计数器。加法计数器每来一个脉冲计数值加 1；减法计数器每来一个脉冲计数值减 1。

下面将模仿中规模集成电路 74LS160 的功能，用 VHDL 语言设计一个十进制可预置计数器。74LS160 共有一个时钟输入端 CLK、一个清除输入端 CLR、两个计数允许信号端 P 和 T、4 个可预置数据输入端 Dn3～Dn0、一个置位允许端 LD、4 个计数输出端 Q3～Q0 和一个进位输出端 TC，其功能表见表 6-3。

表 6-3　74LS160 功能表

功能	输 入						输 出	
操作	CLR	CLK	P	T	LD	Dn	Qn	TC
复位	0	×	×	×	×	×	0	0
预置	1	↑	×	×	0	Dn	Dn	0
计数	1	↑	1	1	1	×	+1	D
保持	1	×	0	×	1	×	Qn	D
保持	1	×	1	0	1	×	Qn	0

注：表中进位输出的 $D = Q3\overline{Q2}Q1Q0$。

三、实训内容

(1) 弄清 74LS160 的逻辑功能。

(2) 用 VHDL 语言设计一个具用 74LS160 功能的电路。

(3) 通过软件进行仿真，并分析仿真结果。

(4) 如设计 74LS161、74LS163 程序，该怎样修改源程序？

(5) 下载验证所设计电路的正确性。

四、实训步骤(略)

五、器件下载编程与硬件实现

在进行硬件测试时，选择 8 个按键作为 CLR、LD、P、T 及预置数模拟输入端，将开发系统上的时钟作为 CLK 信号的输入，注意时钟信号的管脚编号。用一个数码管作为计数值输出，一个 LED 发光二极管作为进位输出，硬件对应示意表见表 6-4。

表 6-4　硬件对应示意表

输 入									输 出	
CLK	CLR	P	T	LD	Dn(0)	Dn(1)	Dn (2)	Dn (3)	Q[3..0]	TC
时钟	按键1	按键2	按键3	按键4	按键5	按键6	按键7	按键8	数码管	LED1
×	0	×	×	×	×	×	×	×	0	灭
↑	1	×	×	0	DN(0)	DN(1)	DN (2)	DN (3)	Dn	灭
↑	1	1	1	1					计数(来一个脉冲增加1)	当计数到9后，LED 灯亮
×	1	0	×	1	×	×	×	×	Q[3..0]	亮
×	1	×	0	1	×	×	×	×	Q[3..0]	灭

注："0"表示按键没有按下，"1"表示按键按下。

本实训的硬件结构示意图如图 6-5 所示。

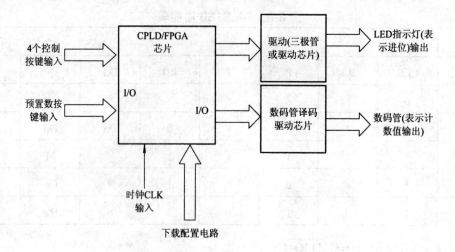

图 6-5　硬件结构示意图

六、实训报告

(1) 说明实训项目的工作原理及所需要的器材。

(2) 写出设计源程序，并进行解释。

(3) 写出软件仿真结果，并进行分析。

(4) 说明硬件原理与测试情况。

(5) 写出心得体会。

七、参考源程序

```
LIBRARY IEEE;
USE IEEE.STD_LOGIC_1164.ALL;
USE IEEE.STD_LOGIC_UNSIGNED.ALL;

ENTITY ls160 IS PORT(data: IN STD_LOGIC_VECTOR(3 DOWNTO 0);
                clk,ld,p,t,clr:IN STD_LOGIC;
                count: BUFFER STD_LOGIC_VECTOR(3 DOWNTO 0);
                tc:OUT STD_LOGIC);
END ls160;

ARCHITECTURE behavior OF ls160 IS
BEGIN
tc<='1' WHEN (count="1001" AND p='1' AND t='1' AND ld='1' AND clr='1') ELSE '0';
cale: PROCESS(clk,clr,p,t,ld)
BEGIN
        IF(clr='1')THEN
        IF(rising_edge(clk)) THEN
```

```
IF(ld='1')THEN
    IF(p='1')THEN
        IF(t='1')THEN
            IF(count="1001")THEN
                count<="0000";
            ELSE
                count<=count+1;
            END IF;
        ELSE
            count<=count;
        END IF;
    ELSE
        count<=count;
    END IF;
    ELSE
        count<=data;
    END IF;
ELSE
    count<="0000";
END IF;
END IF;
END PROCESS cale;
END behavior;
```

习　　题

6.1　比较 CASE 语句与 WITH_SELECT 语句，叙述它们的异同点。

6.2　将以下程序段转换为 WITH SELECT 语句：

```
PROCESS(a,b,c,d)
BEGIN
IF a='0'AND b='1' THEN next1 <="1101";
ELSIF a='0' THEN next1 <=d;
ELSIF b='1' THEN next1 <=c;
ELSE
next1 <="1011";
END IF;
END PROCESS;
```

6.3　设计一个七人表决器。

6.4　说明以下两程序有何不同，哪一电路更合理？试画出它们的电路。

程序 1

```
LIBRARY IEEE;
USE IEEE. STD_LOGIC_1164.ALL;
ENTITY EXAP IS
    PORT(clk,a,b:IN STD_LOGIC;
        y: OUT STD_LOGIC);
END EXAP;
ARCHITECTURE behave OF EXAP IS
    SIGNAL x: STD_LOGIC;
BEGIN
    PROCESS
    BEGIN
        WAIT UNTIL clk='1';
        x <='0';        y<='0';
        IF a=b THEN x<='1';
        END IF;
        IF x='1' THEN y <='1';
        END IF;
    END PROCESS;
END behave;
```

程序 2

```
LIBRARY IEEE;
USE IEEE.STD_LOGIC_1164.ALL;
ENTITY EXAP IS
    PORT(clk,a,b : IN STD_LOGIC;
        y : OUT STD_LOGIC);
END EXAP;
ARCHITECTURE behave OF EXAP IS
BEGIN
    PROCESS
        VARIABLE x:STD_LOGIC;
    BEGIN
        WAIT UNTIL clk='1';
        x:= '0';        y<='0';
        IF a=b THEN x:= '1';
        END IF;
        IF x='1' THEN y<='1';
        END IF;
    END PROCESS;
```

　　END behave;

　　6.5　设计一个连续乘法器,输入 a0~a3,位宽各为 8 位,输出 rout 为 32 位,完成 rout=a0×a1×a2×a3。试实现之。

　　6.6　结构体常用的描述语句有哪些? 它们的特点是什么?

　　6.7　顺序赋值语句和并行赋值有什么不同?

　　6.8　什么是元件例化? 采用此种结构有什么优点?

　　6.9　结构体的描述方式有哪些? 各自的特点是什么?

　　6.10　请分析下段程序有什么错误。

```
...
SIGNAL invalue   : INTEGER RANGE 0 TO 15;
    SIGNAL outvalue: STD_LOGIC;
    ...
        CASE invalue IS
    WHEN 0=>outvalue<='1';
    WHEN 1=>outvalue<='0';
    END CASE;
    ...
```

第7章 常用数字电路设计

7.1 组合逻辑电路

对于组合逻辑电路，电路任何时刻的输出信号仅取决于当时的输入信号，其输出的值由输入决定。在设计组合逻辑电路时，在进程中要包括所有的输入信号，以确保每一个信号的变化都要启动进程。常用的组合逻辑电路有编码器、译码器、比较器、三态门、加法器等。

7.1.1 编码器和译码器

1. 优先级 8-3 编码器

优先级 8-3 编码器有 d7～d0 八个输入信号，y2、y1、y0 三个输出信号，各信号高电平有效。其真值表如表 7-1 所示，逻辑符号如图 7-1 所示。

表 7-1 优先级 8-3 编码器真值表

输入信号								输出信号		
d7	d6	d5	d4	d3	d2	d1	d0	y2	y1	y0
1	×	×	×	×	×	×	×	1	1	1
0	1	×	×	×	×	×	×	1	1	0
0	0	1	×	×	×	×	×	1	0	1
0	0	0	1	×	×	×	×	1	0	0
0	0	0	0	1	×	×	×	0	1	1
0	0	0	0	0	1	×	×	0	1	0
0	0	0	0	0	0	1	×	0	0	1
0	0	0	0	0	0	0	1	0	0	0

硬件电路中的优先级关系在 VHDL 语言中可以用 IF 分支判断语句或在 PROCESS 进程语句中设置临时变量来实现。如用 IF 语句，多条件的 IF 语句的条件是有优先级的，最前面的条件的优先级最高，越往后优先级越低。例 7-1 是使用 IF 的分支判断语句实现优先级 8-3 编码器的 VHDL 程序，其利用了进程中语句顺序执行的特点，由于语句是由上至下执行的，因而后面的赋值将覆盖前面的赋值。例 7-2 为使用 PROCESS 进程语句中变量的特点实现优先级 8-3 编码器的 VHDL 程序。(本章的程序为简单起见，全部采用小写形式，VHDL 程序不区分大小写。)

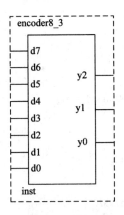

图 7-1　优先级 8-3 编码器逻辑符号

【例 7-1】

```
library ieee;
use ieee.std_logic_1164.all;
entity encoder8_3 is
    port(d7,d6,d5,d4,d3,d2,d1,d0:in std_logic;
        y2,y1,y0:out std_logic);
end entity;
architecture behave of encoder8_3 is
begin
    process(d7,d6,d5,d4,d3,d2,d1,d0)
        variable din:std_logic_vector(7 downto 0);
        variable temp:std_logic_vector(2 downto 0);
    begin
        din:=d7&d6&d5&d4&d3&d2&d1&d0;
        temp:="000";
        if din(7)='1' then temp:="111"; --优先级最高的放在前面
            elsif din(6)='1' then temp:="110";
            elsif din(5)='1' then temp:="101";
            elsif din(4)='1' then temp:="100";
            elsif din(3)='1' then temp:="011";
            elsif din(2)='1' then temp:="010";
            elsif din(1)='1' then temp:="001";
            else temp:="000";
        end if;
        y2<=temp(2);y1<=temp(1);y0<=temp(0);
    end process;
end behave;
```

【例 7-2】

```
library ieee;
use ieee.std_logic_1164.all;
entity encoder83 is
      port(d7,d6,d5,d4,d3,d2,d1,d0:in std_logic;
           y2,y1,y0:out std_logic);
end encoder83;
architecture behave of encoder8_3 is
begin
      process(d7,d6,d5,d4,d3,d2,d1,d0)
          variable din:std_logic_vector(7 downto 0);
          variable temp:std_logic_vector(2 downto 0);
      begin
          din:=d7&d6&d5&d4&d3&d2&d1&d0;
          temp:="000";                          --temp 为临时变量，其值随时都可以改变
          if din(1)='1' then temp:="001"; end if;
          if din(2)='1' then temp:="010"; end if;
          if din(3)='1' then temp:="011"; end if;
          if din(4)='1' then temp:="100"; end if;
          if din(5)='1' then temp:="101"; end if;
          if din(6)='1' then temp:="110"; end if;
          if din(7)='1' then temp:="111"; end if;   --优先最高的输入置于最后
          y2<=temp(2);y1<=temp(1);y0<=temp(0);
      end process;
end behave;
```

2．3-8 译码器

3-8 译码器的电路功能与编码器相反，其输入为 a2、a1、a0 三个信号，输出为 y7～y0 八个信号，另外还有三个控制信号 g1、g2a 和 g2b。其真值表如表 7-2 所示，逻辑符号如图 7-2 所示。

表 7-2　3-8 译码器真值表

控制信号			输入信号			输出信号							
g1	g2a	g2b	a2	a1	a0	y7	y6	y5	y4	y3	y2	y1	y0
×	1	×	×	×	×	1	1	1	1	1	1	1	1
×	×	1	×	×	×	1	1	1	1	1	1	1	1
0	×	×	×	×	×	1	1	1	1	1	1	1	1
1	0	0	0	0	0	1	1	1	1	1	1	1	0
1	0	0	0	0	1	1	1	1	1	1	1	0	1
1	0	0	0	1	0	1	1	1	1	1	0	1	1

续表

控制信号			输入信号			输出信号							
g1	g2a	g2b	a2	a1	a0	y7	y6	y5	y4	y3	y2	y1	y0
1	0	0	0	1	1	1	1	1	1	0	1	1	1
1	0	0	1	0	0	1	1	1	0	1	1	1	1
1	0	0	1	0	1	1	1	0	1	1	1	1	1
1	0	0	1	1	0	1	0	1	1	1	1	1	1
1	0	0	1	1	1	0	1	1	1	1	1	1	1

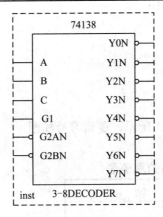

图 7-2 3-8 译码器逻辑符号

【例 7-3】3-8 译码器的 VHDL 源程序如下：

```
library ieee;
use ieee.std_logic_1164.all;
entity 38 is
    port(a2,a1,a0,g1,g2a,g2b:in std_logic;
        y:out std_logic_vector(7 downto 0));
end 38;
architecture behave of 38 is
begin
    process(a2,a1,a0,g1,g2a,g2b)
        variable ain:std_logic_vector(2 downto 0);
    begin
        ain:=a2&a1&a0;
        if (g1='1' and g2a='0' and g2b='0') then
            case ain is
                when "000"=>y<="11111110";
                when "001"=>y<="11111101";
                when "010"=>y<="11111011";
```

```
            when "011"=>y<="11110110";
            when "100"=>y<="11101111";
            when "101"=>y<="11011111";
            when "110"=>y<="10111111";
            when "111"=>y<="01111111";
            when others=>y<="XXXXXXXX";
        end case;
    else
        y<="11111111";
    end if;
end process;
end behave;
```

7.1.2 多位比较器

多位比较器的真值表如表 7-3 所示，逻辑符号如图 7-3 所示。

表 7-3 多位比较器的真值表

输　入		输　出
a	b	y
a=b		1
a≠b		0

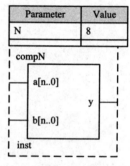

图 7-3 8 位比较器逻辑符号

【例 7-4】下面为多位比较器的 VHDL 源程序，此程序为 8 位比较器。

```
library ieee;
use ieee.std_logic_1164.all;
entity compN is
    generic (N:integer :=8);
    port(a,b:in std_logic_vector(N downto 0);
        y:out std_logic);
end compN;
architecture behave of compN is
begin
    process(a,b)
    begin
        if a=b then y<='1';
        else y<='0';
        end if;
    end process;
end behave;
```

7.1.3　三态门

三态门是驱动电路经常用到的器件，其输出有三种状态，分别为"1"、"0"与"Z"(即高阻状态)。三态门的逻辑符号如图 7-4 所示。

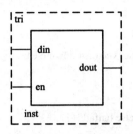

图 7-4　三态门逻辑符号

【例 7-5】三态门的 VHDL 源程序如下：

```
library ieee;
use ieee.std_logic_1164.all;
entity tri is
    port(din,en:in std_logic;
            dout: out std_logic);
end tri;
architecture behave of tri is
begin
    process(din,en)
    begin
        if en='1' then
                dout<=din;
        else
                dout<='Z';
        end if;
    end process;
end behave;
```

7.1.4　加法器

加法器的结构化设计见 6.3.3 节，其实也可以调用 IEEE 库中的 STD_LOGIC_UNSIGNED 库进行设计，对两个输入类型为 STD_LOGIC_VECTOR 的数直接进行加法运算。

【例 7-6】两个 4 位加法器的 VHDL 程序如下：

```
library ieee;
use ieee.std_logic_1164.all;
use ieee.std_logic_unsigned.all;        --加入该程序包，则可能对 std_logic_vector 类型进行加减运算
entity    adder4 is
```

```
port(a,b:in std_logic_vector(3 downto 0);
        ci:in std_logic;
        sum:out std_logic_vector(4 downto 0));
end adder4;


architecture maxpld of adder4 is
signal halfadd              :std_logic_vector(4 downto 0);
begin
    halfadd<=('0'&a)+('0'&b);
    sum<=halfadd when ci='0' else halfadd+1;
end maxpld;
```

7.2　时序逻辑电路设计

对于时序逻辑电路，其任何时刻的输出信号不仅取决于当时的输入信号，而且还取决于电路原来的工作状态，即与以前的输入信号及输出信号也有关系。在时序逻辑电路的设计中，时钟信号比较重要，基本每一个时序逻辑电路都是由时钟控制的。时序逻辑电路的控制信号还包括两种重要的信号：同步控制信号与异步控制信号。

7.2.1　时钟信号

时序逻辑电路只有在时钟信号的边沿到来时，其状态才发生改变。因此，时钟信号通常描述时序电路程序执行的条件。另外，时序逻辑电路总是以时钟进程的形式来进行描述的，其描述方式一般分两种情况。

1．进程的敏感信号是时钟信号

在这种情况下，时钟信号应作为进程敏感信号，显式地出现在 process 语句后面的括号中，例如 process(clock_signal)。时钟信号边沿的到来，将作为时序逻辑电路语句执行的条件。

【例 7-7】

```
process(clock_signal)
begin
    if(clock_edge_condition) then
        …
        其他顺序语句；
        …
    end if;
end process;
```

例 7-7 程序说明，该进程在时钟信号(clock_signal)发生变化时被启动，而在时钟边沿的条件得到满足后才真正执行时序电路所对应的语句。

2．用 wait on 或 wait until 语句控制进程启动

在这种情况下，描述时序电路的进程将没有敏感信号，而是用 wait on 或 wait until 语句来控制进程的执行，也就是说，进程通常停留在 wait on 或 wait until 语句上，只有在时钟信号到来且满足边沿条件时，其余的语句才被执行，如例 7-8 所示。

【例 7-8】

```
process
begin
    wait on (clock_signal) until (clk_edge_condition);
    --或  wait    until (clk_edge_condition);
    ...
    其他顺序语句；
    ...
    end if;
end process;
```

在编写上述两个程序时应注意：

(1) 无论 if 语句还是 wait 语句，在对时钟边沿说明时，一定要注明是上升沿还是下降沿(前沿还是后沿)，光说明是边沿是不行的。

(2) 当时钟信号作为进程的敏感信号时，在敏感信号列表中不能出现一个以上的时钟信号；除时钟信号以外，像复位信号等是可以和时钟一起出现在敏感信号表中的。

(3) wait 语句只能放在进程的最前面或者最后面。

3．时钟边沿的描述

为了描述时钟边沿，一定要指定是上升沿还是下降沿，这一点可以用时钟信号的属性描述来实现。也就是说，通过确定时钟信号的值是从"0"到"1"变化，还是从"1"到"0"变化，由此得知是时钟脉冲信号的上升沿还是下降沿。

1) 时钟脉冲的上升沿描述

时钟脉冲上升沿波形与时钟信号属性的描述关系如图 7-5 所示。

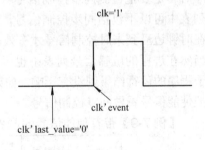

从图中可以看到，时钟信号起始值为"0"，故其属性值 clk'last_value='0'；其上升沿的到来表示发生了一个事件，故用 clk'event 表示；上升沿以后，时钟信号的值为"1"，故其当前属性值为 clk='1'。这样，表示上升沿到来的条件可写为

图 7-5　时钟脉冲上升沿属性描述关系

if clk'event and clk'last_value='0' and clk='1' then

2) 时钟脉冲的下降沿描述

时钟脉冲下降沿波形与时钟信号属性的描述关系如图 7-6 所示。

从图中可以看到，时钟信号起始值为"1"，故其属性值 clk'last_value='1'；其下降沿的 clk'last_value='1'，时钟信号当前值为 clk='0'，下降沿到来的事件为 clk'event。这样表示下降沿到来的条件可写为

if clk'event and clk'last_value='1' and clk='0' then

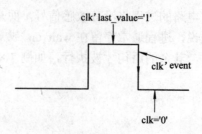

图 7-6　时钟脉冲下降沿属性描述关系

根据上面的描述，时钟的边沿检测条件可以统一描述如下：

if clock_signal=current_value and clock_signal'last_value and clock_signal'event then

在某些应用中，也可以简写成如下形式：

if clock_signal=current_value and clock_signal'event then

另外，对于 STD_LOGIC 类型的信号可以用预定义好的两个函数来表示时钟的边沿：

rising_edge(clk)　　　表示时钟的上升沿

falling_edge(clk)　　　表示时钟的下降沿

7.2.2　其他控制信号

触发器的状态可由控制信号来确定，比如复位信号、预置数控制信号等。这些控制信号可分为两类：同步控制信号与异步控制信号。

1. 同步控制信号

在时序逻辑电路中，同步控制信号指该信号控制功能的产生必须等时钟的边沿到来时才有效，也即与时钟同步。因此，要使同步控制信号能够可靠地产生控制作用，其宽度必须保证至少有一个时钟周期。时钟的上升沿比同步控制信号的优先级要高，所以在编写程序时一定要把检测同步控制信号有效的语句放在检测时钟边沿的后面。在进程的敏感信号列表中可以不包括同步控制信号，因为时钟边沿信号的优先级比同步控制信号要高，只有在时钟边沿到来时控制信号才有效，这时进程已经启动了，所以可以检测到同步控制信号。当然在进程的敏感信号列表中也可以包含同步控制信号，但这会造成进程的多余启动，对于程序的运行结果则没有影响。如果电路中含有使能信号(其性质是同步控制信号)，则可以把使能信号看做同步控制信号。

【例 7-9】带有使能信号的同步清零的八进制计数器，其仿真波形见图 7-7。

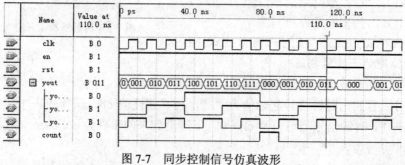

图 7-7　同步控制信号仿真波形

```vhdl
library ieee;
use ieee.std_logic_1164.all;
use ieee.std_logic_unsigned.all;

entity syn_count8 is
    port(clk,en,rst:in std_logic;
            yout:out std_logic_vector(2 downto 0);
            count:out std_logic);
end syn_count8;

architecture behave of syn_count8 is
    signal cnt:std_logic_vector(2 downto 0);
begin
    process(clk)
    begin
        if clk'event and clk='1' then
            if rst='1' then
                cnt<=o"0";
            elsif en='1' then
                if cnt=o"7" then
                    cnt<=o"0";
                    count<='1';
                else
                    cnt<=cnt+1;
                    count<='0';
                end if;
            end if;
        end if;
    end process;
    yout<=cnt;
end behave;
```

2．异步控制信号

在时序逻辑电路中，异步控制信号指该信号的控制功能只要满足条件就立即产生，而不需等时钟的边沿到来时才有效。因此，异步控制信号时钟的上升沿比同步控制信号的优先级要高，在编写程序时一定要把检测异步控制信号有效的语句放在检测时钟边沿的前面。在进程的敏感信号列表中应该包括异步控制信号，因为时钟边沿信号的优先级比异步控制信号要低，所以只要异步控制信号有效，进程就必须启动。

【例7-10】设计带有使能信号的异步清零的八进制计数器，其仿真波形见图7-8。

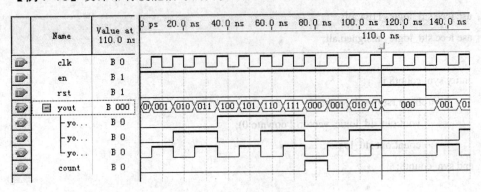

图7-8　异步控制信号仿真波形

```
library ieee;
use ieee.std_logic_1164.all;
use ieee.std_logic_unsigned.all;

entity asyn_count8 is
    Port(clk,en,rst:in std_logic;
        Yout:out std_logic_vector(2 downto 0);
        Count:out std_logic);
end asyn_count8;

architecture behave of asyn_count8 is
    signal cnt:std_logic_vector(2 downto 0);
begin
    process(clk,rst)
    begin
        if rst='1' then
            cnt<=o"0";
        elsif clk'event and clk='1' then
            if en='1' then
                if cnt=o"7" then
                    cnt<=o"0";
                    count<='1';
                else
                    cnt<=cnt+1;
                    count<='0';
                end if;
            end if;
```

```
        end if;
    end process;
    yout<=cnt;
end behave;
```

7.3 常用时序逻辑电路的设计

常用的时序逻辑电路有计数器、寄存器、存储器、分频器、状态机、波形产生电路等。

7.3.1 存储器

存储器按其类型可分为只读存储器(ROM)和随机存储器(RAM)。它们的功能虽然不同，但有一些共性问题。

1. 存储器描述中的共性问题

1) 存储器的数据类型

存储器是众多存储单元的集合体，按照单元号顺序排列，每个单元由若干二进制位构成，以表示单元中存放的数据值。这种结构和数组的结构是非常相似的。

每个存储单元所存放的数可以用不同的、由 VHDL 语句所定义的数的类型来描述，例如用整数和位矢量来描述：

`type memory is array (integer range<>) of integer;`

这是一个元素用整数表示的数组，用它来描述存储器存储数据的结构。

`subtype word is std_logic_vector(k-1 downto 0);`

`type memory is array(0 to 2**w-1) of word;`

这是一个元素用位矢量表示的数组，用它来描述存储器存储数据的结构。这里 k 表示存储单元二进制位数，w 表示数组的元素个数。

2) 存储的初始化

在用 VHDL 语言描述 ROM 时，ROM 的内容应该在仿真时事先读到 ROM 中，这就是所谓存储器的初始化。存储器的初始化要依赖于外部文件的读取，也就是说依赖于 TEXTIO。下面就是对 ROM 进行初始化的例子。

【例 7-11】

```
variable startup:boolean:=true;
variable l:line;
variable j:integer;
variable rom:memory;
file romin:text is in "rom24s10.in";

if startup then
    for j in rom'range loop;
        readline(romin,l);
```

```
                read(l;rom(j));
        end loop;
    end if;
```

2. 只读存储器 ROM

用 VHDL 语言编写 ROM(Read Only Memory)时需要对其进行初始化。

【例 7-12】

```
    library ieee;
    library std;
    use ieee.std_logic_1164.all;
    use ieee.std_logic_unsigned.all;
    use ieee.std_logic_textio.all;
    use std.textio.all;
    entity rom is
        generic(k:integer:=3;
                w:integer:=255;
                m:integer:=7);
        port(enable:in std_logic;
            adr:in std_logic_vector(m downto 0);
            dout:out std_logic_vector(k downto 0));
    end rom;
    architecture behave of rom is
        subtype word is std_logic_vector(k downto 0);
        type memory is array(0 to w) of word;
        signal rom_con:memory;
        signal adr_in:integer range 0 to 255;
        variable startup:boolean:=true;
        file romin:textio is in "fff";
    begin
        process(ard,enable)
            variable l_in:line;
            variable v_rom:memory;
        begin
            if startup then
                for j in 0 to w loop
                    readline(romin,l_in);
                    read(l_in,v_rom(j));
                    rom_con(j)<=v_rom(j);
                end loop;
```

```
            startup:=false;
        end if;
        adr_in<=conv_integer(adr);
        if enable='1' then
            dout<=rom_con(adr_in);
        else
            dout<=(others=>'Z');
        end if;
    end process;
end behave;
```

3. 随机存储器 RAM

RAM 和 ROM 的主要区别在于 RAM 的描述中有"读"和"写"两种操作，而且其读、写操作对时间有着严格的要求。

【例 7-13】设计一个 8×8 位 RAM，基中 cs 为片选信号，wr 为写信号，rd 为读信号。当 cs=1、在 wr 信号的上升沿时，将 IO 上的数据写入到由 addr 指定的单元；当 cs=0、rd=0 时，将 addr 指定的单元读出送至 IO。

```
library ieee;
use ieee.std_logic_1164.all;
use ieee.std_logic_arith.all;
use ieee.std_logic_unsigned.all;
entity asynram is
    port(IO:inout std_logic_vector(7 downto 0);
         addr:in std_logic_vector(2 downto 0);
         cs,wr,rd:in std_logic);
end asynram;
architecture behave of asynram is
    subtype ram_word is std_logic_vector(7 downto 0);
    type ram_type is array(0 to 7) of ram_word;
    signal ram:ram_type;
begin
    process(wr)
    begin
        if wr'event and wr='1' then
            if cs='0' then
                ram(conv_integer(addr))<=IO;
            end if;
        end if;
    end process;
```

```
process(addr,cs,rd,ram)
begin
    if cs='0' and rd='0' then
        IO<=ram(conv_integer(addr));
    else
        IO<=(others=>'Z');
    end if;
end process;
end behave;
```

7.3.2　先入先出存储器

先入先出(First In First Out，FIFO)存储器作为数据缓冲器，通常其数据存放结构与 RAM 是一致的，只是存取方式有所不同。

【例 7-14】8 × 8 FIFO 存储器的 VHDL 源代码如下：

```
library ieee;
use ieee.std_logic_1164.all;
entity fifo is
    port( clock      : in std_logic;
          reset      : in std_logic;
          wr_req     : in std_logic;
          rd_req     : in std_logic;
          data_in    : in std_logic_vector(7 downto 0);
          full       : buffer std_logic;
          empty      : buffer std_logic;
          data_out   : out std_logic_vector(7 downto 0));
end fifo;
architecture behave of fifo is
        subtype fifo_word is std_logic_vector(7 downto 0);
        type type_2d_array is array(0 to 7) of fifo_word;
        signal fifo_memory       : type_2d_array;
        signal wr_address        : integer range 0 to 7;
        signal rd_address        : integer range 0 to 7;
        signal offset            : integer range 0 to 7;
        signal rd_signal         : std_logic;
        signal wr_signal         : std_logic;
        signal data_buffer       : std_logic_vector(7 downto 0);
        signal temp              : std_logic_vector(4 downto 1);
begin
    process
```

```
begin
    wait until rising_edge(clock);
    temp(1) <= wr_req;
    temp(2) <= temp(1);
    temp(3) <= rd_req;
    temp(4) <= temp(3);
end process;
wr_signal <= temp(2) and not(temp(1));
rd_signal <= temp(4) and not(temp(3));
offset <= (wr_address - rd_address)when (wr_address > rd_address)    else
          (8-(rd_address-wr_address)) when (rd_address > wr_address)    else
          0;
empty <= '1' when (offset = 0) else
         '0';
full   <= '1' when (offset = 7) else
         '0';
data_out <= data_buffer ;
process(clock)
begin
    if (clock'event and clock='1') then
        if reset = '1' then
            rd_address   <= 0;
            data_buffer <= (others => '0');
        elsif (rd_signal = '1' and empty = '0') then
            data_buffer <= fifo_memory(rd_address);
            case rd_address is
                when 7         => rd_address<=0;
                when others => rd_address <= rd_address + 1 ;
            end case;
        end if;
    end if;
end process;
process(clock)
begin
    if (clock'event and clock='1') then
        if reset = '1' then
            wr_address <= 0;
        elsif (wr_signal = '1' and full = '0') then
            fifo_memory(wr_address) <= data_in;
```

```
                    case wr_address is
                        when    7    => wr_address<=0;
                        when others => wr_address <= wr_address + 1 ;
                    end case;
                end if;
            end if;
        end process;
    end behave;
```

7.3.3 堆栈

堆栈是一种常见的数据存储结构，它的特点是数据后进先出。堆栈会在实现某些控制算法的电路中出现，但一般不会用来处理大流量的数据。大多的器件厂家都没有提供专门的堆栈单元模块，因此需要在设计中描述寄存器堆来实现堆栈结构。

【例7-15】8×8 堆栈的 VHDL 源程序如下：

```
    library ieee;
    use ieee.std_logic_1164.all;
    use ieee.std_logic_signed.all;
    entity stack is
     port(datain:in std_logic_vector(7 downto 0);
            push,pop,reset,clk:in std_logic;
            stackfull:out std_logic;
            dataout:buffer std_logic_vector(7 downto 0));
    end stack;
    architecture behave of stack is
        subtype stack_word is std_logic_vector(7 downto 0);
        type stack_log is array(7 downto 0) of stack_word;
        signal data:stack_log;
        signal stackflag:std_logic_vector(7 downto 0);
    begin
        stackfull<=stackflag(0);
        process(push,pop,reset,clk)
            variable ctr:std_logic_vector(1 downto 0);
        begin
            ctr:=push&pop;
            if reset='1' then
                stackflag<=(others=>'0');
                dataout<=(others=>'0');
                for i in 0 to 7 loop
                    data(i)<="00000000";
```

```
                end loop;
        elsif clk'event and clk='1' then
            case ctr is
                when "10"=>       data(7)<=datain;
                                  stackflag<='1'&stackflag(7 downto 1);
                                  for i in 0 to 6 loop
                                      data(i)<=data(i+1);
                                  end loop;
                when "01"=>       dataout<=data(7);
                                  stackflag<=stackflag(6 downto 0)&'0';
                                  for i in 7 downto 1 loop
                                      data(i)<=data(i-1);
                                  end loop;
                when others=>null;
            end case;
        end if;
    end process;
end behave;
```

7.3.4　分频器

分频器是数字电路中常用的电路之一，用 VHDL 语言设计分频器的关键是输出电平翻转的时机。通过计数方式进行输出电平的翻转是常用的设计方法。分频器分为偶数分频器和奇数分频器。

1．偶数分频器

偶数分频较容易实现。例如实现占空比为 50% 的偶数 N 分频，可采用两种方案：一是当计数器计数到 $\frac{N}{2}-1$ 时，将输出电平翻转，同时让计数器复位，如此循环下去；二是当计数器计数为 $0\sim\frac{N}{2}-1$ 时，输出为 0 或 1，计数器计数为 $\frac{N}{2}\sim N-1$ 时，输出为 1 或 0，当计数器计数到 N 时，复位计数器，如此循环下去。需要说明的是，第一种方案仅能实现占空比为 50% 的分频器，而第二种方案可以有限度地调整占空比。

【例7-16】6 分频的 VHDL 源程序如下，其中 architecture a 使用第一种方案，architecture b 使用第二种方案，使用 configuration 配置语句为实体指定结构体。

```
library ieee;
use ieee.std_logic_1164.all;
use ieee.std_logic_arith.all;
use ieee.std_logic_unsigned.all;
entity divfreq is
```

```
        port(clk:in std_logic;
             fout:out std_logic);
    end divfreq;
    architecture a of divfreq is                    --占空比为 50%的 6 分频
        signal outq:std_logic:='0';
        signal countq:std_logic_vector(2 downto 0):="000";
    begin
        process(clk)
        begin
            if clk'event and clk='1' then
                if countq/=2 then
                    countq<=countq+1;
                else
                    outq<=not outq;
                    countq<=(others=>'0');
                end if;
            end if;
        end process;
        fout<=outq;
    end a;
    architecture b of divfreq is                    --占空比非 50%的 6 分频
        signal countq:std_logic_vector(2 downto 0);
    begin
        process(clk)
        begin
            if clk'event and clk='1' then
                if countq<5 then
                    countq<=countq+1;
                else
                    countq<=(others=>'0');
                end if;
            end if;
        end process;
        process(countq)
        begin
            if countq<=3 then
                fout<='0';
            else
                fout<='1';
```

```
            end if;
        end process;
    end b;


    configuration cfg of divfreq is
        for a          --for b
        end for;
    end cfg;
```

2. 奇数分频器

实现非 50%占空比的奇数分频，可以采用类似偶数分频的第二种方案。但如要实现占空比为 50%的 2N+1 的分频，则需要对分频时钟上升沿或下降沿分别进行 $\dfrac{N}{2N+1}$ 分频，然后将两个分频所得的时钟信号相或得到占空比为 50%的 2N+1 分频器。

【例 7-17】利用上述方法实现占空比为 50%的 7 分频器。

```
    library ieee;
    use ieee.std_logic_1164.all;
    use ieee.std_logic_arith.all;
    use ieee.std_logic_unsigned.all;


    entity divfreq1 is
        port(clk:in std_logic;
                fout:out std_logic);
    end divfreq1;
    architecture behave of divfreq1 is          --占空比 50%的 7 分频
        signal cnt1,cnt2:integer range 0 to 6;
        signal clk1,clk2:std_logic;
    begin
        process(clk)
        begin
            if rising_edge(clk) then
                if cnt1<6 then
                    cnt1<=cnt1+1;
                else
                    cnt1<=0;
                end if;
                if cnt1<3 then
                    clk1<='1';
                else
```

```
                    clk1<='0';
                end if;
            end if;
        end process;
        process(clk)
        begin
            if falling_edge(clk) then
                if cnt2<6 then
                    cnt2<=cnt2+1;
                else
                    cnt2<=0;
                end if;
                if cnt2<3 then
                    clk2<='1';
                else
                    clk2<='0';
                end if;
            end if;
        end process;
        fout<=clk1 or clk2;
    end behave;
```

7.3.5 波形产生电路

1．基于 ROM 的波形产生电路

波形产生电路主要通过调用寄存器中的数据，控制取出数据的速度从而控制周期。波形周期的改变一般有两种方法：一种是改变时钟的速度，也即改变取出寄存器中数据的速度控制所产生波形的速度；另一种是通过控制取出寄存器中数据的间隔来控制产生波形的周期，所取数据的间隔越大，所产生的波形频率就越大。

【例 7-18】用一个数组表示数据寄存器，并把该数组用程序包进行描述。

rompac.vhd 源程序如下：

```
    package rompac is
        constant rom_width:positive:=3;
        constant addr_high:positive:=12;
        subtype rom_word is bit_vector(0 to rom_width);
        type rom_table is array(0 to addr_high) of rom_word;
        constant rom:rom_table:=("1100",
    "1100","0100","0000","0110","0101","0111",
    "1100","0100","0000","0110","0101","0111");
```

```
        end rompac;
waveofrom.vhd 源程序如下：
        use work.rompac.all;
        entity waveofrom is
            port(clk:in bit;
                    reset:in boolean;
                    waves:out rom_word);
        end waveofrom;
        architecture behave of waveofrom is
            signal step:natural;
        begin
        step_counter:
            process
            begin
                wait until clk'event and clk='1';
                if reset then
                    step<=0;
                elsif step=addr_high then
                    step<=1;
                else
                    step<=step+1;
                end if;
            end process;
            waves<=rom(step);
        end behave;
```

2．任意波形的产生

1）正弦波

【例 7-19】正弦波的 VHDL 源程序如下：

```
        library ieee;
        use ieee.std_logic_1164.all;
        use ieee.std_logic_arith.all;
        use ieee.std_logic_unsigned.all;

        entity sin is
            port(clk4:in std_logic;
                    dd4:out integer range 255 downto 0);
        end sin;
```

```vhdl
architecture dacc of sin is
    signal q: integer range 63 downto 0;
begin
    process(clk4)
    begin
        if (clk4'event and clk4='1') then
            q<=q+1;
        end if;
    end process;
    process(q)
    begin
        case q is
            when 00=>dd4<=255;
            when 01=>dd4<=254;
            when 02=>dd4<=253;
            when 03=>dd4<=250;
            when 04=>dd4<=245;
            when 05=>dd4<=240;
            when 06=>dd4<=234;
            when 07=>dd4<=226;
            when 08=>dd4<=218;
            when 09=>dd4<=208;
            when 10=>dd4<=198;
            when 11=>dd4<=188;
            when 12=>dd4<=176;
            when 13=>dd4<=165;
            when 14=>dd4<=152;
            when 15=>dd4<=140;
            when 16=>dd4<=128;
            when 17=>dd4<=115;
            when 18=>dd4<=103;
            when 19=>dd4<=90;
            when 20=>dd4<=79;
            when 21=>dd4<=67;
            when 22=>dd4<=57;
            when 23=>dd4<=47;
            when 24=>dd4<=37;
            when 25=>dd4<=29;
            when 26=>dd4<=21;
```

```
        when 27=>dd4<=15;
        when 28=>dd4<=10;
        when 29=>dd4<=5;
        when 30=>dd4<=2;
        when 31=>dd4<=1;
        when 32=>dd4<=0;
        when 33=>dd4<=1;
        when 34=>dd4<=2;
        when 35=>dd4<=5;
        when 36=>dd4<=10;
        when 37=>dd4<=15;
        when 38=>dd4<=21;
        when 39=>dd4<=29;
        when 40=>dd4<=37;
        when 41=>dd4<=47;
        when 42=>dd4<=57;
        when 43=>dd4<=67;
        when 44=>dd4<=79;
        when 45=>dd4<=90;
        when 46=>dd4<=103;
        when 47=>dd4<=115;
        when 48=>dd4<=128;
        when 49=>dd4<=140;
        when 50=>dd4<=165;
        when 51=>dd4<=176;
        when 52=>dd4<=188;
        when 53=>dd4<=198;
        when 54=>dd4<=208;
        when 55=>dd4<=218;
        when 56=>dd4<=226;
        when 57=>dd4<=234;
        when 58=>dd4<=240;
        when 59=>dd4<=245;
        when 60=>dd4<=250;
        when 61=>dd4<=253;
        when 62=>dd4<=254;
        when 63=>dd4<=255;
        when others=>null;
    end case;
```

```
        end process;

    end dacc;
```

2) 三角波

由于三角是由线性增加和线性递减的两条线段构成的，所以可以直接用 VHDL 语言编程来实现三角波。当线性自加到最高点时，由控制语句控制其自减，直到减到最低点时再重复之前的过程，从而实现三角波。

【例 7-20】采用 VHDL 语言编程的三角波源程序如下：

```
    library ieee;
    use ieee.std_logic_1164.all;
    use ieee.std_logic_unsigned.all;

    entity triangular is
        port(clk3:in std_logic;
             dd3:out std_logic_vector(7 downto 0));
    end triangular;

    architecture dacc of triangular is
        signal b:std_logic;
        signal c:std_logic_vector(7 downto 0);
    begin
        process(clk3)
        begin
            if (clk3'event and clk3='1') then
                if(b='0') then
                    c<=c+1;
                    if(c=250) then
                        b<='1';
                    end if;
                elsif(b='1') then
                    c<=c-1;
                    if(c=1) then
                        b<='0';
                    end if;
                end if;
                dd3<=c;
            end if;
        end process;
    end dacc;
```

3) 锯齿波

锯齿波的采样也可以用 VHDL 语言来实现：当波形自加到所要求的最高点时，由控制语句使其返回 0 点重复以前的过程，从而实现锯齿波。另外设置一个控制按键，来控制输出上升锯齿波或下降锯齿波。

【例 7-21】锯齿波 VHDL 源程序如下：

```
library ieee;
use ieee.std_logic_1164.all;
entity sawtooth is
    port(clk2,up_down: in std_logic;
            dd2:buffer integer range 255 downto 0);
end sawtooth;
architecture dacc of sawtooth is
    signal d,temp:integer range 255 downto 0;
begin
    process(clk2)
    begin
        if(clk2'event and clk2='1') then
            if temp<198 then
                temp<=temp+2;
            else
                temp<=0;
            end if;
        end if;
    end process;
    process(temp,up_down)
    begin
        if up_down='0' then
            d<=temp;
        else
            d<=198-temp;
        end if;
    end process;
    dd2<=d;
end dacc;
```

4) 方波

由于时钟脉冲输出即为方波，因而对方波的设计可以简化为直接输出时钟脉冲信号。但是，在本设计中方波与其他三个波形要同步且要经过 D/A 转换，所以还需把时钟脉冲变成 8 位输出才可以经由 D/A 转换输出，具体过程可以由例 7-22 所示的程序实现。

【例 7-22】实现方波输出的 VHDL 源程序如下：

```
library ieee;
use ieee.std_logic_1164.all;
use ieee.std_logic_arith.all;
use ieee.std_logic_unsigned.all;

entity square is
    port(clk1 : in std_logic;
            dd1 : buffer integer range 255 downto 0);
end square;

architecture dacc of square is
    signal q: integer range 1 downto 0;
begin
    process(clk1)
    begin
        if (clk1'event and clk1='1') then
                q<=q+1;
        end if;
    end process;
    process(q)
    begin
        case q is
            when 0=>dd1<=255;
            when 1=>dd1<=0;
            when others=>null;
        end case;
    end process;
end dacc;
```

5) 波形选择与控制

在前面已经分别介绍了 4 种基础波形的设计，现在介绍如何将 4 种波形合并，使它们按操作输出所需波形，波形选择与控制功能由时钟脉冲输入选择模块完成。当选择了一种波形时，对应的波形模块输入时钟脉冲，并输出波形数据，其他三个波形模块的输入则始终为 0，不能输出波形。但是，其他波形模块始终有 0 信号输入，也能产生数据，会对输出的波形产生干扰。因此，需要输出波形选择模块来选择有用的波形，隔离干扰数据。为了同时实现时钟脉冲选择与输出波形选择，同时也为了消除延迟，在输出波形选择模块与时钟脉冲选择模块中采用同一组控制开关。这样当输入一种控制数据时，输出的波形也就是所需的波形。这种设计可以减少按键的数量，节省资源，降低错误机率。任意波形发生器的系统总体设计原理图如图 7-9 所示。

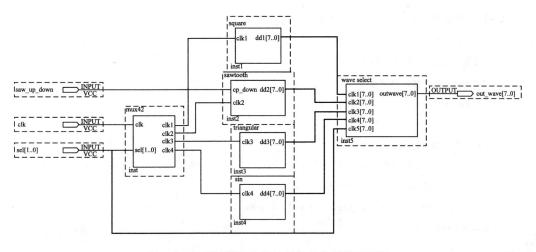

图 7-9　任意波形发生器的系统总体设计原理图

【例 7-23】时钟脉冲输入选择器的 VHDL 源程序如下：

```
library ieee;
use ieee.std_logic_1164.all;

entity mux42 is
    port(clk : in std_logic;
          sel: in std_logic_vector(1 downto 0);
          clk1,clk2,clk3,clk4: out std_logic);
end entity mux42;

architecture art of mux42 is
begin
    process(sel,clk)
    begin
        case sel is
            when "00"=>clk1<=clk;
            when "01"=>clk2<=clk;
            when "10"=>clk3<=clk;
            when "11"=>clk4<=clk;
            when others=>clk1<=null;
                          clk2<=null;
                          clk3<=null;
                          clk4<=null;
        end case;
    end process;
end art;
```

【例7-24】输出波形选择器的 VHDL 源程序如下：

```
library ieee;
use ieee.std_logic_1164.all;
use ieee.std_logic_arith.all;
use ieee.std_logic_unsigned.all;

entity waveselect is
    port(clk1,clk2,clk3,clk4 : in std_logic_vector (7 downto 0);
            sel: in std_logic_vector(1 downto 0);
            outwave: out std_logic_vector (7 downto 0));
end waveselect;

architecture art of waveselect is
begin
    with sel select
            outwave<=clk1 when "00",
                        clk2 when "01",
                        clk3 when "10",
                        clk4 when "11",
                        null when others;
    end art;
```

7.3.6 状态机

状态机通常分为米勒型(Mealy)和摩尔型(Moore)。米勒型状态机的输出由电路当前的输入和电路原来的状态决定，属于同步输出状态机，一旦输入信号或状态发生变化，输出信号立即发生变化。摩尔型状态机的输出是当前状态的函数，属于异步输出状态机，输出信号只在时钟边沿到来时才发生变化。

【例7-25】米勒型状态机的 VHDL 源程序如下：

```
library ieee;
use ieee.std_logic_1164.all;
entity mealy2 is
    port(x,rst,clk:in std_logic;
            y:out std_logic);
end mealy2;
architecture behave of mealy2 is
    type states is(state0,state1,state2,state3);
    signal state:states;
begin
    process(clk,rst)
```

```
begin
    if rst='1' then
        state<=state0;
    elsif clk'event and clk='1' then
        case state is
            when state0=>
                if x='1' then
                    state<=state1;
                else
                    state<=state0;
                end if;
            when state1=>
                if x='1' then
                    state<=state2;
                else
                    state<=state0;
                end if;
            when state2=>
                if x='1' then
                    state<=state3;
                else
                    state<=state0;
                end if;
            when state3=>
                if x='1' then
                    state<=state3;
                else
                    state<=state0;
                end if;
        end case;
    end if;
end process;
y<='1' when state=state3 and x='1' else
    '0';
end behave;
```

【例 7-26】摩尔型状态机的 VHDL 源程序如下：

```
library ieee;
use ieee.std_logic_1164.all;
```

```vhdl
entity moore is
    port(x,rst,clk:in std_logic;
            y:out std_logic);
end moore;


architecture behave of moore is
    type states is(state0,state1,state2,state3);
    signal state,nextstate:states;
begin
    process(x,state)
    begin
        case state is
            when state0=>
                y<='0';
                if x='0' then
                    nextstate<=state0;
                else
                    nextstate<=state2;
                end if;
            when state1=>
                y<='1';
                if x='0' then
                    nextstate<=state0;
                else
                    nextstate<=state2;
                end if;
            when state2=>
                y<='1';
                if x='0' then
                    nextstate<=state2;
                else
                    nextstate<=state3;
                end if;
            when state3=>
                y<='0';
                if x='0' then
                    nextstate<=state3;
                else
                    nextstate<=state1;
```

```
              end if;
          end case;
      end process;
      process(clk,rst)
      begin
          if rst='1' then
              state<=state0;
          elsif clk'event and clk='1' then
              state<=nextstate;
          end if;
      end process;
  end behave;
```

7.4　实　　训

7.4.1　4 位乘法器设计

一、实训目的

(1) 用组合逻辑电路设计 4 位并行乘法器。

(2) 了解并行乘法器的设计原理。

(3) 掌握结构化设计方法。

二、实训原理

4 位乘法器有多种实现方案，根据乘法器的运算原理，使部分乘积项对齐相加(通常称并行法)是最典型的算法之一。这种算法可用组合电路实验，其特点是设计思路简单直观、电路运算速度快，缺点是使用器件较多。

1．并行乘法的算法

下面将根据乘法例题来分析这种算法，题中 M4、M3、M2、M1 是被乘数，用 M 表示。N4、N3、N2、N1 是乘数，用 N 表示，如图 7-10 所示。

			1	0	1	1			
×)			1	1	0	1			
			1	0	1	1			M×N1
+)		0	0	0	0				M×N2
		0	1	0	1				部分乘积之和
+)	1	0	1	1					M×N3
	1	1	0	1					部分乘积之和
+)	1	0	1	1					M×N4
1	0	0	0	1	1	1	1		

图 7-10　乘法算法图

从以上乘法实例可以看到，乘数 N 中的每一位都要与被乘数 M 相乘，获得不同的积，每部分乘法之和相加时需按高低位对齐，并行相加，才能得到正确的结果。

2. 并行乘法电路原理

并行乘法电路完全是根据以上算法而设计的，其电路框图如图 7-11 所示。图中 XB0、XB1、XB2、XB3 是乘数 B 的第 N 位与被乘数 A 相乘的 1×4 bit 乘法器。三个加法器将 1×4 bit 乘法器的积作为加数 A，前一级加法器的和作为加数 B，相加后得到新的部分积，通过三级加法器的累加最终得到乘积 P(P7P6P5P4P3P2P1P0)。

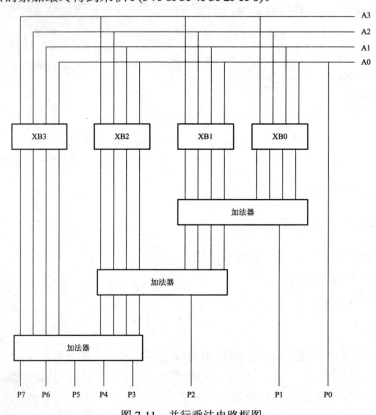

图 7-11　并行乘法电路框图

三、实训内容

(1) 用 VHDL 语言设计 4 位乘法器。

(2) 设计乘法器功能模块及 4 位加法器功能模块，并解释程序。

(3) 采用结构化方法设计该乘法器。

(4) 进行软件仿真，并分析仿真结果。

(5) 锁定引脚，并下载验证。

四、实训步骤(略)

五、器件下载编程与硬件实现

在进行硬件测试时，选择 8 个按键作为 4 个数据输入信号，用 8 个 LED 灯作为运算结果数据输出指示，每 4 个数为一个二进制数值，通过 LED 灯的亮灭来显示乘法的运算结果。其硬件对应示意表如表 7-4 所示。

表 7-4　硬件对应示意表

输 入								输 出							
op1(0)	op1(1)	op1(2)	op1(3)	op2(0)	op2(1)	op2(2)	op2(3)	Q(0)	Q(1)	Q(2)	Q(3)	Q(4)	Q(5)	Q(6)	Q(7)
按键1	按键2	按键3	按键4	按键5	按键6	按键7	按键8	LED1	LED2	LED3	LED4	LED5	LED6	LED7	LED8
0	0	0	0	×	×	×	×	灭	灭	灭	灭	灭	灭	灭	灭
×	×	×	×	0	0	0	0	灭	灭	灭	灭	灭	灭	灭	灭
1	1	1	1	1	1	1	1	亮	灭	灭	灭	灭	亮	亮	亮
1	0	1	1	1	1	1	0	亮	亮	亮	灭	灭	灭	灭	灭
0	1	0	1	1	1	0	0	灭	亮	亮	亮	亮	灭	灭	灭
0	0	0	1	1	1	1	1	灭	灭	灭	灭	亮	亮	亮	亮

注："0"表示按键没有按下，"1"表示按键按下。

本实训的硬件结构示意图如图 7-12 所示。

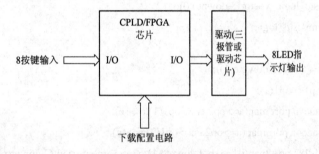

图 7-12　硬件结构示意图

六、实训报告

(1) 说明实训项目的工作原理、所需要的器材。

(2) 写出设计源程序，并进行解释。

(3) 写出软件仿真结果，并进行分析。

(4) 说明硬件原理与测试情况。

(5) 写出心得体会。

七、参考源程序

```
library ieee;
use ieee.std_logic_1164.all;
use ieee.std_logic_unsigned.all;
entity mul4p is
    port(op1,op2:in std_logic_vector(3 downto 0);
        result:out std_logic_vector(7 downto 0));
end mul4p;
```

```
architecture count of mul4p is
component and4a port(a:in std_logic_vector(3 downto 0);
                          en:in std_logic;
                          r: out std_logic_vector(3 downto 0));
end component;
component ls283 port(o1,o2:in std_logic_vector(3 downto 0);
                          res:out std_logic_vector(4 downto 0));
end component;
signal sa:std_logic_vector(3 downto 0);
signal sb:std_logic_vector(4 downto 0);
signal sc:std_logic_vector(3 downto 0);
signal sd:std_logic_vector(4 downto 0);
signal se:std_logic_vector(3 downto 0);
signal sf:std_logic_vector(3 downto 0);
signal sg:std_logic_vector(3 downto 0);
--signal tmp1:std_logic;
begin
    sg<=('0'&sf(3 downto 1));
    --tmp1<=op1(1);
    u0:and4a port map(a=>op2,en=>op1(1),r=>se);
    U1:and4a port map(a=>op2,en=>op1(3),r=>sa);
    U2:ls283 port map(o1=>sb(4 downto 1),o2=>sa,res=>result(7 downto 3));
    U3:and4a port map(a=>op2,en=>op1(2),r=>sc);
    U4:ls283 port map(o1=>sc,o2=>sd(4 downto 1),res=>sb);
    u5:ls283 port map(o1=>sg,o2=>se,res=>sd);
    u6:and4a port map(a=>op2,en=>op1(0),r=>sf);
    result(0)<=sf(0);
    result(1)<=sd(0);
    result(2)<=sb(0);
    --result(7 downto 0)<="00000000";
end count;


                            --and4a 元件源程序
library ieee;
use ieee.std_logic_1164.all;
use ieee.std_logic_unsigned.all;

entity and4a is
```

```vhdl
        port(a:IN STD_LOGIC_VECTOR(3 DOWNTO 0);
            en:IN STD_LOGIC;
            r:OUT STD_LOGIC_VECTOR(3 DOWNTO 0));
end and4a;
architecture behave of and4a is
begin
        process(en,a(3 downto 0))
            begin
                if(en='1') then
                        r<=a;
                else
                        r<="0000";
                end if;
        end process;
end behave;



                                --ls283 元件源程序
library ieee;
use ieee.std_logic_1164.all;
use ieee.std_logic_unsigned.all;
entity ls283 is
        port(o1,o2:IN STD_LOGIC_VECTOR(3 DOWNTO 0);
            res:OUT STD_LOGIC_VECTOR(4 DOWNTO 0));
end ls283;

architecture behave of ls283 is
begin
        process(o1,o2)
        begin
            res<=('0'&o1)+('0'&o2);
        end process;
end behave;
```

7.4.2　步长可变的加减计数器设计

一、实训目的

(1) 掌握加减法计数器以及特殊功能计数器的设计原理。

(2) 用 VHDL 语言设计多功能计数器。

二、实训原理

1. 加减工作原理

加减计数也称为可逆计数，就是根据计数控制信号的不同，在时钟脉冲的作用下，计数器可以进行加 1 计数操作或者减 1 计数操作。

2. 变步长工作原理

如步长为 3 的加法计数器，计数状态变化为 0，3，6，9，12，…，步长值由输入端控制。在加法计数时，当计数值达到或超过 99 时，下一个时钟脉冲过后，计数器清零；在减法计数时，当计数值达到或小于 0 时，下一个时钟脉冲过后，计数器也清零。其工作过程如图 7-13 所示。

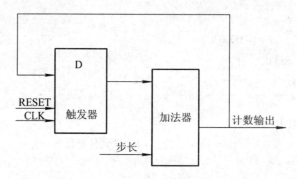

图 7-13　步长可变的加减计数器工作过程

三、实训内容

(1) 设计的计数步长可在 0～99 之间变化。

(2) 通过仿真或观察波形图验证设计的正确性。

(3) 编译下载，验证结果。

四、设计提示

(1) 注意 IF 语句的嵌套。

(2) 注意加减计数状态的变化，计数值由 9 变 0(加法)及由 0 变 9(减法)各位的变化。由于计数器为十进制计数器，还应考虑进位或借位后进行加 6 及减 6 校正。

五、实训步骤(略)

六、器件下载编程与硬件实现

在进行硬件测试时，取按键 K1～K4 对应步长数的十位(BCD 码)，K1 为高位；按键 K5～K8 对应步长数的个位(BCD 码)，K5 为高位；按键 K9 为使能开关(高电平有效)；按键 K10 为加减模式切换开关(高电平为加，低电平为减)；按键 K11 为同步清零开关(低电平有效)。计数的结果通过两个数码管 M2、M1 显示输出。

本实训的硬件结构示意图如图 7-14 所示。

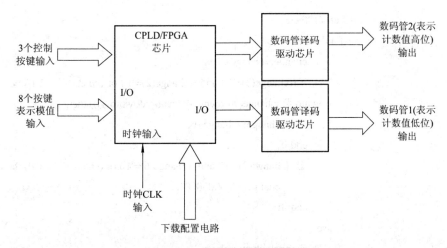

图 7-14 硬件结构示意图

七、实训报告

(1) 指出实训所需要的器材。

(2) 写出多模加减计数器的 VHDL 源程序，并进行分析说明。

(3) 叙述多模加减计数器的工作原理。

(4) 画出计数器仿真工作波形图，并分析说明。

(5) 写出硬件测试情况。

(6) 写出心得体会。

八、参考源程序

```
library ieee;
use ieee.std_logic_1164.all;
use ieee.std_logic_unsigned.all;
entity counter is
    port(data :in std_logic_vector (7 downto 0);
        a,clk,clr,en :in std_logic;
        mm :out std_logic_vector (7 downto 0));
 end;
architecture aa of counter is
signal hold: std_logic_vector (7 downto 0);
begin
    process(clk)
    variable change :std_logic_vector (7 downto 0);
    begin
        if (clk'event and clk='1') then
            if clr='0' then
                change:="00000000";
```

```
                    elsif en='1' then
                        if a='1' then
                                change:=change+data;
                                if ((change(3)='1') and ((change(2)='1') or (change(1)='1'))) or (not(hold(7
                    downto 4)=change(7 downto 4)-data(7 downto 4))) then
                                    change:=change+6;
                                end if;
                                if ((change(7)='1') and ((change(6)='1') or (change(5)='1'))) then
                                    change:="00000000";
                                end if;
                        else
                                change:=change-data;
                                if ((change(3)='1') and ((change(2)='1') or (change(1)='1'))) or (not(hold(7
                    downto 4)=change(7 downto 4)-data(7 downto 4)))    then
                                    change:=change-6;
                                end if;
                                if ((change(7)='1') and ((change(6)='1') or (change(5)='1'))) then
                                    change:="00000000";
                                end if;
                        end if;
                    end if;
                end if;
            mm<=change;
            hold<=change;
            end process;
        end aa;
```

7.4.3 序列检测器设计

一、实训目的

(1) 了解状态机的设计方法。
(2) 运用状态机的原理设计一个序列检测器。
(3) 掌握枚举类型的用法。

二、实训原理

序列检测器在数据通信、雷达和遥测等领域中用于检测同步识别标志。它是一种用于检测一组或多组序列信号的电路,例如检测器收到一组串行码 1110010 后,输出标志 1,否则输出 0。考虑这个例子,每收到一个符合要求的串行码就需要用一个状态机进行记忆。串行码长度为 7 位,需要 7 个状态。另外,还需要增加一个"未收到一个有效位"的状态,共 8 个状态(S0～S7)，状态标志符的下标表示有几个有效位被读出。画出状态转移图，如图 7-15 所示，很显然这是一个摩尔型状态机。8 个状态机根据编码原则可以用 3 位二进制数来表示。

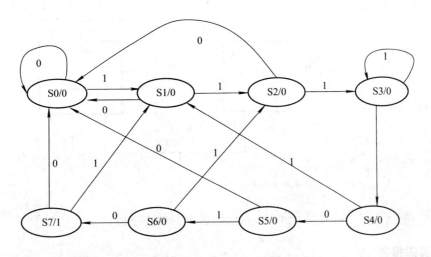

图 7-15　序列检测器的状态转换图

三、实训内容

(1) 用 VHDL 语言编写出源程序。

(2) 设计两个脉冲发生器，一个检测 1110010 序列；另一个不包含此序列，用于检测程序的正确性。

(3) 将脉冲序列发生器和脉冲序列检测器结合生成一个文件，并编译下载，验证结果。

四、实训步骤

该实训项目因为要有一个符合要求的序列信号，所以涉及第 3 章的实训，需要一个脉冲序列发生器。第 3 章的实训是通过原理图进行设计的，读者也可以用 VHDL 语言进行设计，这样可以修改产生的脉冲序列。在产生脉冲序列的程序中可以添加控制按键，用于产生不同的脉冲序列信号，比如当控制按键为高电平时输出"11100100"序列，低电平时输出"10101010"序列，然后再用本实训的序列检测器检测该序列，通过 LED 灯的亮灭表示是否检测到该序列。也可以通过示波器先检测一下脉冲序列信号是否正确。可以通过一个程序完成全部功能，该程序包括脉冲信号产生程序与脉冲信号检测程序，也可以两个人合作通过两台 EDA 实验开发系统的扩展口分别实现两个程序及其之间的通信。

五、器件下载编程与硬件实现

在进行硬件测试时，在脉冲信号产生程序中按键 K1 为复位端(低电平时复位)，按键 K2 为数据选择开关(高电平时输出"11100100"序列，低电平时输出"10101010"序列)，扩展口(JK3)输出脉冲信号，扩展口 JK4 为接收数据端，LED 灯用于显示是否接到一个正确的脉冲序列。本实训的硬件结构示意图如图 7-16 所示。

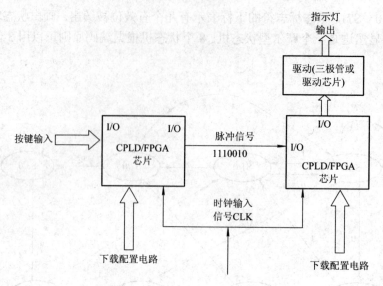

图 7-16　序列检测器的硬件结构示意图

六、实训报告

(1) 说明实训项目的工作原理、所需要的器材。

(2) 写出设计源程序，并进行解释。

(3) 写出软件仿真结果，并进行分析。

(4) 说明硬件原理与测试情况。

(5) 写出心得体会。

七、参考源程序

```
library ieee;
use ieee.std_logic_1164.all;
use ieee.std_logic_unsigned.all;
entity check1 is
    port(clk,din:in std_logic;
        q:out std_logic);
end check1;
architecture a of check1 is
type state is (s0,s1,s2,s3,s4,s5,s6,s7);
signal now:state;
begin
    process(clk,now)
    begin
        if clk'event and clk='1' then
            case now is
                when s0=>if din='1' then
```

```
                            now<=s1;q<='0';
                    else
                            now<=s0;
                            q<='0';
                    end if;
            when s1=>if din='1' then
                            now<=s2;
                            q<='0';
                    else
                            now<=s0;
                            q<='0';
                    end if;
            when s2=>if din='1' then
                            now<=s3;
                            q<='0';
                    else
                            now<=s0;
                            q<='0';
                    end if;
            when s3=>if din='1' then
                            now<=s3;
                            q<='0';
                    else
                            now<=s4;
                            q<='0';
                    end if;
            when s4=>if din='1' then
                            now<=s1;
                            q<='0';
                    else
                            now<=s5;
                            q<='0';
                    end if;
            when s5=>if din='1' then
                            now<=s6;q<='0';
                    else
                            now<=s0;
                            q<='0';
                    end if;
```

```
            when s6=>if din='1' then
                            now<=s2;q<='0';
                    else
                            now<=s7;
                            q<='1';
                    end if;
            when s7=>if din='1' then
                            now<=s1;q<='0';
                    else
                            now<=s0;q<='0';
                    end if;
        end case;
    end process;
end a;
```

7.4.4　4 人抢答器设计

一、实训目的

(1) 掌握小型数字系统的设计。

(2) 掌握利用原理图输入与 VHDL 输入共同设计电路的方法。

二、实训原理与要求

1．设计要求

4 人抢答器的设计要求如下：

(1) 有多路抢答，抢答台数为 4。

(2) 抢答开始后 20 秒倒计时，20 秒倒计时后无人抢答则显示超时，并报警。

(3) 能显示超前抢答台号并给出犯规警报。

(4) 系统复位后进入抢答状态，当有一路抢答按键按下时，该路抢答信号将其余各路抢答信号封锁，同时铃声响起，直至该路按键松开，显示牌显示该路抢答台号。

(5) 用 VHDL 设计符合上述功能要求的 4 人抢答器，并用层次化设计方法设计该电路。

2．设计原理

4 人抢答器原理框图如图 7-17 所示。

系统复位后，反馈信号为一个高电平信号，使 K1、K2、K3、K4 输入有效。抢答开始后，有第一个人按键，抢答保持电路输出低电平，同时送显示电路，让其保存按键的台号并输出，并反馈给抢答台，使所有的抢答台输入无效，计时电路停止。当在规定时间内无人抢答时，倒计时电路输出超时信号。当有人抢先按键时将显示犯规信号。

这是一个简单实用的数字系统，可采用自顶向下的设计方法，顶层系统采用原理设计方式，各个模块用 VHDL 进行编程，系统图如图 7-18 所示，即以原理图作为顶层文件(工程项目文件)。

图 7-18 中，reset 为复位键，k[3..0]为开关输入，firstman 为输出抢答人员编号；RED 为红灯输出，GREEN 为绿灯输出，YELLOW 为黄灯输出。绿灯显示为抢答成功，红灯为有人犯规，黄灯亮为在规定的时间内没人抢答。

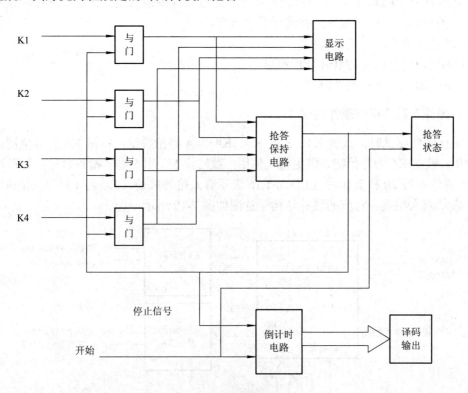

图 7-17　4 人抢答器原理框图

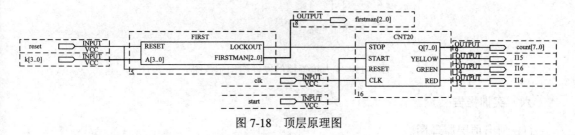

图 7-18　顶层原理图

三、实训内容

(1) 分析原理图搞清其逻辑功能。

(2) 用 VHDL 对顶层各个模块编程，并进行分析。

(3) 建立工程，创建如图 7-18 所示的原理图，并检查编译。

(4) 通过软件进行仿真，分析仿真结果。

(5) 对系统进行仿真。

(6) 下载验证电路的正确性。

四、实训步骤

(1) 编写各个模块的源程序，检查编译。

(2) 建立工程，以顶层原理图文件名为工程名，把先前建立的 VHDL 程序加入这个工程中，并对每个 VHDL 程序创建原理图符号，通过原理图输入设计顶层原理图。建立如图 7-18 所示的原理图，检查编译，并进行系统仿真。

(3) 选择元器件，定义好管脚。

(4) 编译，进行时序仿真并分析波形。

(5) 下载编程，进行硬件测试。

五、器件下载编程与硬件实现

在进行硬件测试时，按键 K1、K2、K3、K4 为 4 路抢答键；按键 K5 为复位键，供主持人使用；按键 K6 为开始键，供主持人使用；数码管 M3 用于显示抢答台号；数码管 M2、M1 用于显示抢答 20 秒倒计时；LED 灯 L16 表示有人抢答成功，LED 灯 L15 表示超时，LED 灯 L14 表示有人犯规。对应的硬件结构示意图如图 7-19 所示。

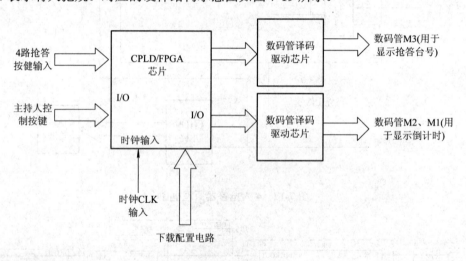

图 7-19　4 人抢答器的硬件结构示意图

六、实训报告

(1) 画出顶层原理图。

(2) 对照 4 人抢答器电路框图分析电路工作原理。

(3) 写出各功能模块的 VHDL 源程序。

(4) 写出设计体会。

七、参考程序

```
                    --CNT20 元件源程序

library ieee;
use ieee.std_logic_1164.all;
```

```
use ieee.std_logic_arith.all;

entity cnt20 is
    port(stop,start,reset,clk:in std_logic;
        q:out std_logic_vector(7 downto 0);
        yellow,green,red:out std_logic);
end;

architecture behavioral of cnt20 is
signal cao_v:std_logic_vector(1 downto 0);
BEGIN
    PROCESS (reset,STOP,RESET,CLK)
    VARIABLE TMP1:integer;
    VARIABLE tmp2:integer;
    VARIABLE CA:integer;
    BEGIN
        IF reset='1' THEN
        TMP1:=0;
        tmp2:=2;
        CA:=0;
        ELSIF(clk'event and clk='1')THEN
            if(stop='0')then
                if(start='1')then
                    if(tmp1=0)then
                        if(tmp2=0)then
                            ca:=1;
                        else
                            tmp2:=tmp2-1;
                            tmp1:=9;
                        end if;
                    else
                        tmp1:=tmp1-1;
                    end if;
                end if;
            end if;
        END IF;
        cao_v<=conv_std_logic_vector(ca,2);
        yellow<=cao_v(0);
        q(7 downto 4)<=conv_std_logic_vector(tmp2,4);
```

```
            q(3 downto 0)<=conv_std_logic_vector(tmp1,4);
    END PROCESS;
      green<=stop and start;
      red<=stop and ( not start);
end behavioral;
```

--first 元件源程序

```
library ieee;
use ieee.std_logic_1164.all;
entity first is
    PORT(reset:in std_logic;
          a:in std_logic_vector(3 downto 0);
          lockout:out std_logic;
          firstman:out std_logic_vector(2 downto 0));
end;
architecture behavioral of first is
signal clk,lock : std_logic;
signal    c: std_logic_vector(3 downto 0);
begin
    clk<='1' when a(3)='1' or a(2)='1' or a(1)='1' or a(0)='1' else '0';
    lockout<=lock;
process_label:
    PROCESS (clk)
     BEGIN
        IF reset='1' THEN
            c<="0000";
            lock<='0';
        ELSIF clk='1' THEN
            if lock='0' then
                c<=a;
                    lock<='1';
                end if;
        END IF;
    END PROCESS process_label;
    firstman<= "001" when c="1000" else
                "010" when c="0100" else
                "011" when c="0010" else
                "100" when c="0001" else
                "000";
end behavioral;
```

习　题

7.1　设计一个 8 位双向总线缓冲器。

7.2　查阅相关资料，设计一个七段数码显示译码电路(请按共阴极数码管与共阳极数码管分别设计)。

7.3　已知一个求补器的逻辑符号如图 7-20 所示，试给出它的 VHDL 描述。

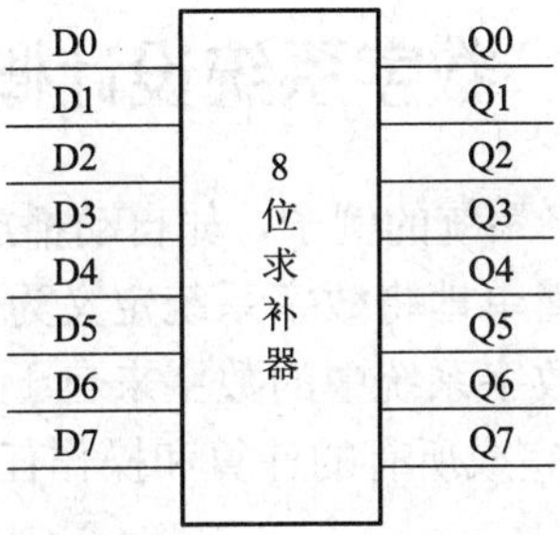

图 7-20　求补器逻辑符号

7.4　设计一个 8421 码到 BCD 码的转换电路。

7.5　设计一个六十进制的加减计数器，要求有同步置数与异步复位功能。

7.6　设计一个 16 分频电路(占空比为 50%)。

7.7　设计一个 7 分频电路(占空比为 4/7)。

7.8　请用 VHDL 设计一个多功能寄存器，其功能如表 7-5 所示。

表 7-5　多功能寄存器功能表

输入信号模式(MODE)	输出功能
000	清零
001	预置数
010	加 1
011	减 1
100	左移
101	右移
其余情况	—

第 8 章　数字系统设计

8.1　数字系统设计概要

日常生活中可以发现无数数字系统的例子，如自动播放器、CD 播放机、电话系统、个人计算机以及视频游戏等。可以简单地将数字系统定义为仅用数字来"处理"信息以实现计算和操作的电子系统。但是，数字系统中的数字来自于二进制计数系统，只有两个可能的值：0 和 1，即只使用 0 和 1 来完成所有的计算和操作任务。因此，数字系统必须实现如下功能：

(1) 将现实世界的信息转换成数字网络可以理解的二进制"语言"。

(2) 仅用数字 0 和 1 完成所要求的计算和操作。

(3) 将处理的结果以我们可以理解的方式返回给现实世界。

8.1.1　数字系统设计模型

我们所设计的数字系统一般只限于同步时序系统，其所执行的操作是由时钟控制分组按序进行的。一般的数字系统可分为受控器与控制器两大部分，受控器又称为数据子系统或信息处理单元，控制器又称为控制子系统。数字系统的方框图如图 8-1 所示。

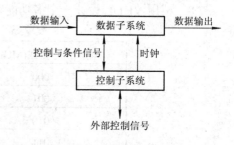

图 8-1　数字系统方框图

数据子系统主要完成数据的采集、存储、运算处理和传输任务，它主要由存储器、运算器、数据选择器等组成，与外界进行数据交换，它所有的存取、运算等操作都是在控制子系统发出的控制信号的作用下进行的。数据子系统与控制子系统之间的联系是：数据子系统接收由控制子系统来的控制信号，同时将自己的操作进程作为条件信号输出给控制子系统。控制子系统是执行算法的核心，它必须具备记忆能力，因此是一个时序系统。它由一些组合逻辑电路和触发器等组成，与数据子系统共享一个时钟。控制子系统的输入是外部控制信号和由数据子系统来的条件信号，按照设计方案中既定的算法程序，按序地进行状态转换，与每个状态以及有关条件对应的输出作为控制信号去控制数据子系统的操作顺序。

8.1.2　数字系统设计基本步骤

运用 EDA 技术设计数字系统采用自上而下的设计方法，设计的基本步骤可以归纳如下。

1．明确设计要求

拿到一个设计任务，首先要对它进行分析理解，将设计要求罗列成条，每一条都应是无疑义的。这一步主要明确待设计系统的逻辑功能及性能指标，在明确了设计要求之后应能画出系统的简单示意方框图，标明输入、输出信号及必要的指标。

2．确定系统方案

明确了设计要求之后，就要确定实现系统功能的原则和方法，这是最具创造性的工作。同一功能可能有不同的实现方案，而方案的优劣直接关系到系统的质量及性能价格比，因此要反复比较与权衡。常用方框图、流程图或描述语言来描述系统方案。系统方案确定后要求画出系统方框图、详细的流程图或用描述语言写出算法，如有需要与可能还应画出必要的时序波形图。

3．受控器的设计

根据系统方案，选择合适的器件构成受控器的电原理图。根据设计要求可能要对此电原理图进行时序设计，最后得到实用的受控器电原理图。

4．控制器的设计

根据描述系统方案的模型导出 MDS 图或 ASM 图，按照规则及受控器的要求选择电路构成控制器，必要时也要进行时序设计，最后得到实用的控制器电原理图。然后再将控制器和受控器电路合在一起，从而得到整个系统的电原理图。

在整个设计过程中应尽可能多地利用 EDA 软件，及时进行逻辑仿真、优化，以保证设计工作优质、快速地完成。

8.2　数字系统设计举例

8.2.1　系统的设计要求

本节要求设计一个 24 小时制的数字闹钟，该数字闹钟的面板如图 8-2 所示，它包括以下几个组成部分：

(1) 显示屏，由 7 个七段数码管组成，其中 6 个用于显示当前时间(时：分：秒)或设置的闹钟时间，另一个用于显示系统内部产生的周期性循环变化的待选预置数字。

(2) YES(确认)键，在输入新的时间或新的闹钟时间时，用于对每位待选预置数字输入的确认。

(3) TIME(时间)键，用于确定新的时间设置。

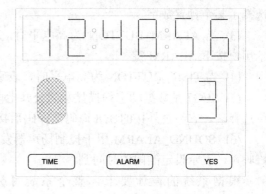

图 8-2　数字闹钟面板

(4) ALARM(闹钟)键，用于确定新的闹钟时间设置，或显示已设置的闹钟时间。

(5) 扬声器，在当前时钟时间与闹钟时间相同时，发出蜂鸣声。

该数字闹钟的具体功能要求如下。

(1) 计时功能：这是本数字闹钟设计的基本功能，每隔1秒钟计时一次，并在显示屏上显示当前时间。

(2) 闹钟功能：如果当前时间与设置的闹钟时间相同，则扬声器发出蜂鸣声。

(3) 设置新的计时器时间：系统内部产生周期性循环变化的待选预置数字，当用户按"YES"键后则该数字将作为预置数字输入。在输入过程中，输入数字在显示屏上从右到左依次显示。例如，用户要设置新的时间 12：48：56，则按顺序先后输入"1"、"2"、"4"、"8"、"5"、"6"，与之对应，显示屏依次显示的信息为"1"、"12"、"124"、"1248"、"12485"、"124856"。如果用户在输入任意几个数字后较长时间内(例如5秒)没有按任何键，则计时器恢复到正常的计时显示状态。

(4) 设置新的闹钟时间：用 YES 键输入新的闹钟时间，然后按"ALARM"键确认，过程与(3)类似。

(5) 显示所设置闹钟时间：在正常计时显示状态下，直接按下"ALARM"键则已设置的闹钟时间显示在显示屏上。

根据该系统的设计功能要求，整个系统大致有如下几个组成部分：用于预置数字输入的预置数字缓冲器，用于数字闹钟计时的计数器，用于保存闹钟时间的寄存器，用于显示的七段数码显示电路以及控制以上各个部分协同工作的控制器。

8.2.2 系统的总体设计

根据该数字闹钟的设计要求，我们可得到其外部端口如图 8-3 所示。各个输入/输出端口的作用如下：

(1) CLK 为外部时钟信号，RESET 为复位信号。

(2) 当 YES 为高电平时(YES='1')，表示用户选择了某个预置数字。

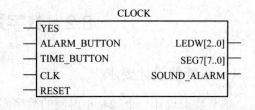

图 8-3 计时器的外部端口

(3) 当 ALARM_BUTTON 为高电平时，表示用户按下 ALARM 键。

(4) 当 TIME_BUTTON 为高电平时，表示用户按下 TIME 键。

(5) SEG7 是数据动态扫描显示的公共七段数码显示管驱动端、而 LEDW 则是数码管的位选择端，它经过外接的 3-8 译码器译码后接数码管的公共端 COM。

(6) SOUND_ALARM 用于控制扬声器发声，当 SOUND_ALARM ='1'时，扬声器发出蜂鸣声，表示设定的闹钟时间到。

根据系统的设计要求，整个系统可分为闹钟控制器(CONTROL)、预置寄存器(KEYBUFFER)、分频电路(DIVIDER)、时间计数器(COUNTER)、闹钟寄存器(REG)、显示驱动控制器(DRIVER)等 6 个模块，其总体设计原理图如图 8-4 所示。各个模块的作用介绍如下。

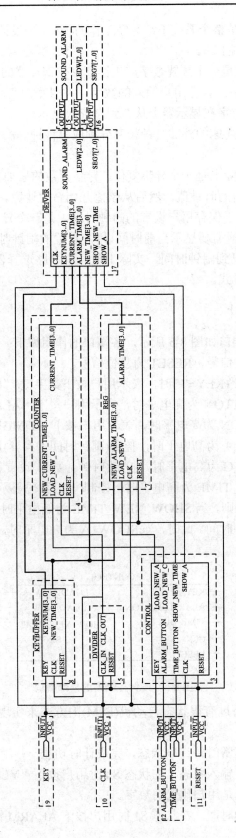

图 8-4 系统总体设计原理图

(1) 闹钟控制器：它是整个系统正常有序工作的核心，按设计要求产生相应的控制逻辑，以控制其他各部分的协调工作。

(2) 预置寄存器：这是一个预置数字产生器和移位寄存器的结合体，通过对 YES 进行操作，选择欲输入的数字，暂存用户输入的数字，并且用户每输入一个数字，暂存数字移位一次，实现用户输入数字在显示器上从右到左依次显示。

(3) 分频电路：将较高速的外部时钟频率分频成每秒钟一次的时钟频率，以便进行时钟计数。

(4) 时间计数器：实际上是一个异步复位、异步置数的累加器，通常情况下进行时钟累加计数，必要时可置入新的时钟值，然后从该值开始新的计数。

(5) 闹钟寄存器：用于保存用户设置的闹钟时间，是一个异步复位寄存器。

(6) 显示驱动器：根据需要显示当前时间、用户设置的闹钟时间或用户输入的预置时间，同时判断当前时间是否已到闹钟时间，实际上是一个多路选择器加比较器，对具体数据的显示采用动态扫描显示方式。

8.2.3　闹钟控制器设计

闹钟控制器的外部端口如图 8-5 所示，各端口的作用如下：

(1) CLK 为外部时钟信号，RESET 为复位信号。

(2) 当 KEY 为高电平(KEY='1')时，表示用户按下数字键("0"～"9")。

(3) 当 ALARM_BUTTON 为高电平时，表示用户按下"ALARM"键。

(4) 当 TIME_BUTTON 为高电平时，表示用户按下"TIME"键。

(5) 当 LOAD_NEW_A 为高电平时，控制(闹钟时间寄存器)加载新的闹钟时间值。

(6) 当 LOAD_NEW_C 为高电平时，控制(时钟计数器)设置新的时间值。

(7) 当 SHOW_NEW_TIME 为高电平时，控制(七段数码显示电路)显示新的时间值，即用户输入的预置时间；否则，当 SHOW_NEW_TIME 为低电平时，根据 SHOW_A 信号的值控制显示当前时间或闹钟时间。此时，当 SHOW_A 为高电平时，控制显示闹钟时间，否则，显示当前时间。

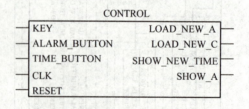

图 8-5　闹钟控制器的外部端口

控制器的功能可以通过有限状态自动机(FSM)的方式来实现。根据设计要求及端口设置，需要五个状态：

S0——电路初态即正常时钟计数状态，完成计时功能。

S1——接收预置数字输入状态。在状态 S0 时用户按下"YES"键后进入此状态。在此状态下，显示屏上显示的是用户预置的数字。

S2——设置新的闹钟时间，在状态 S1 时用户按下 ALARM 键后进入此状态。

S3——设置新的计时器时间，在状态 S1 时用户按下 TIME 键后进入此状态。

S4——显示闹钟时间，在状态 S0 时用户直接按下 ALARM 键后进入此状态。在此状态下，显示屏上显示的是所设置的闹钟时间。注意：在此状态下，用户按下 ALARM 键后，显示屏上保持显示闹钟时间，经过一段时间以后，再返回状态 S0 显示计时器时间。

相应的状态转换及控制输出表如表 8-1 所示。

表 8-1 控制器状态转换及控制输出表

当前状态	控制输入(条件)		下一状态	控制输出(动作)
S0	YES = '1'		S1	SHOW_NEW_TIME <= '1'
	ALARM_BUTTON = '1'		S4	SHOW_A <= '1'
	否则		S0	—
S1	YES = '1'		S1	SHOW_NEW_TIME <= '1'
	ALARM_BUTTON = '1'		S2	LOAD_NEW_A <= '1'
	TIME_BUTTON = '1'		S3	LOAD_NEW_C <= '1'
	否则(超时)	否	S1	SHOW_NEW_TIME <= '1'，"超时"判断处理
		是	S0	—
S2	ALARM_BUTTON = '1'		S2	LOAD_NEW_A <= '1'
	否则		S0	—
S3	TIME_BUTTON = '1'		S3	LOAD_NEW_C <= '1'
	否则		S0	—
S4	ALARM_BUTTON = '1'		S4	SHOW_A <= '1'
	否则(超时)	否	S4	SHOW_A <= '1'，"超时"判断处理
		是	S0	—

表 8-1 中没有显式说明的控制信号赋值，表示信号的值为零。例如在状态 S0，当信号 YES = '1' 时，SHOW_NEW_TIME 信号的赋值为 '1'，而其他信号 LOAD_NEW_A、LOAD_NEW_C 和 SHOW_A 的值此时都赋为 '0'。另外，表中关于"超时"判断处理的细节见 VHDL 源程序中的有关部分。

由于在整个系统中有多个模块需要用到自行设计的数据类型，并且这些数据类型大部分相同，因此为了使用上的方便，可设计一个程序包 P_ALARM，该程序包既可加在调用该程序包的程序前面，也可加在整个系统的顶层设计程序前面。但是对于一个比较复杂系统的设计，一般分模块进行设计和调试，所以加在各个调用该程序包的程序前面会比较方便。程序包 P_ALARM 的具体设计如下：

--程序包 P_ALARM 源程序

```
library ieee;
use ieee.std_logic_1164.all;
package p_alarm is
subtype t_digital is integer range 0 to 9;
subtype t_short is integer range 0 to 65535;
```

```
type t_clock_time is array (5 downto 0) of t_digital;
type t_display is array (5 downto 0) of t_digital;
end package p_alarm;
```

根据上面的设计分析，我们可将闹钟控制器的 **VHDL** 源程序设计如下：

--控制器源程序 control.vhd

```
library ieee;
use ieee.std_logic_1164.all;
use work.p_alarm.all;
entity control is
    port(key:in std_logic;
            alarm_button:in std_logic;
            time_button:in std_logic;
            clk:in std_logic;
            reset:in std_logic;
            load_new_a:out std_logic;
            load_new_c:out std_logic;
            show_new_time:out std_logic;
            show_a:out std_logic);
end entity control;
architecture art of control is
type t_state is(s0,s1,s2,s3,s4);
constant key_timeout:t_short:=500;
constant show_alarm_timeout:t_short:=500;
signal curr_state:t_state;
signal next_state:t_state;
signal counter_k:t_short;
signal enable_count_k:std_logic;
signal count_k_end:std_logic;
signal counter_a:t_short;
signal enable_count_a:std_logic;
signal count_a_end:std_logic;
begin
    process(clk,reset) is
    begin
        if reset='1' then
            curr_state<=s0;
        elsif rising_edge(clk)then
            curr_state<=next_state;
        end if;
```

```
end process;
process(key,alarm_button,time_button,curr_state,count_a_end,count_k_end)
begin
    next_state<=curr_state;
    load_new_a<='0';
    load_new_c<='0';
    show_a<='0';
    show_new_time<='0';
    enable_count_k<='0';
    enable_count_a<='0';
    case curr_state is
        when s0=>if (key='0') then
                    next_state<=s1;
                    show_new_time<='1';
                elsif (alarm_button='1') then
                    next_state<=s4;
                    show_a<='1';
                else
                    next_state<=s0;
                end if;
        when s1=>if (key='1') then
                    next_state<=s1;
                elsif (alarm_button='1') then
                    next_state<=s2;
                    load_new_a<='1';
                elsif (time_button='1') then
                    next_state<=s3;
                    load_new_c<='1';
                else
                    if (count_k_end='1') then
                        next_state<=s0;
                    else
                        next_state<=s1;
                    end if;
                    enable_count_k<='1';
                end if;
                show_new_time<='1';
        when s2=>if (alarm_button='1') then
                    next_state<=s2;
```

```
                                load_new_a<='1';
                    else
                                next_state<=s0;
                    end if;
            when s3=>if (time_button='1') then
                                next_state<=s3;
                                load_new_c<='1';
                    else
                                next_state<=s0;--
                    end if;
            when s4=>if (key='1') then
                                next_state<=s1;
                    else
                                next_state<=s4;
                                if (count_a_end='1') then
                                    next_state<=s0;
                                else
                                    next_state<=s4;
                                    show_a<='1';
                                end if;
                                enable_count_a<='1';
                    end if;
            when others=>null;
        end case;
    end process;
count_key:process(enable_count_k,clk) is
begin
    if (enable_count_k='0') then
        counter_k<=0;
        count_k_end<='0';
    elsif (rising_edge(clk)) then
        if (counter_k>=key_timeout) then
            count_k_end<='1';
        else
            counter_k<=counter_k+1;
        end if;
    end if;
end process;
count_alarm:process(enable_count_a,clk) is
```

```
begin
    if(enable_count_a='0') then
        counter_a<=0;
        count_a_end<='0';
    elsif rising_edge(clk) then
        if (counter_a>=show_alarm_timeout) then
            count_a_end<='1';
        else
            counter_a<=counter_a+1;
        end if;
    end if;
end process;
end architecture art;
```

8.2.4　预置寄存器设计

预置寄存器是一个预置数字产生器和移位寄存器的结合体，通过对 YES 键进行操作，选择欲输入的数字，暂存用户输入的数字，并且用户每输入一个数字，暂存数字移位一次，实现用户输入数字在显示器上从右到左的依次显示。图 8-6 为预置寄存器示意图。

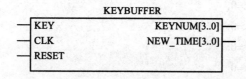

图 8-6　预置寄存器示意图

--预置寄存器的 VHDL 源程序 keybuffer.vhd

```
library ieee;
use ieee.std_logic_1164.all;
use ieee.std_logic_unsigned.all;
use work.p_alarm.all;
entity keybuffer is
    port(key:in std_logic;
        clk:in std_logic;
        reset:in std_logic;
        keynum:out std_logic_vector(3 downto 0);
        new_time:out t_clock_time);
end entity keybuffer;
architecture art of keybuffer is
signal n_t:t_clock_time;
signal cnt:std_logic_vector(3 downto 0);
```

```
        signal temp:t_digital;
    begin
        process(clk) is
        begin
            if (clk'event and clk='1') then
                if   cnt=9 then
                        cnt<="0000";
                else
                        cnt<=cnt+'1';
                end if;
            end if;
            temp<=conv_integer(cnt);
            keynum<=cnt;
        end process;
        shift:process(reset,key) is
        begin
            if (reset='1') then
                    n_t(5)<=0;
                    n_t(4)<=0;
                    n_t(3)<=0;
                    n_t(2)<=0;
                    n_t(1)<=0;
                    n_t(0)<=0;
            elsif (key'event and key='1') then
                    for i in 5 downto 1 loop
                        n_t(i)<=n_t(i-1);
                    end loop;
                    n_t(0)<=temp;
            end if;
        end process;
        new_time<=n_t;
    end architecture art;
```

8.2.5　闹钟寄存器设计

　　闹钟寄存器模块的功能是在时钟上升沿同步下，根据 LOAD_NEW_A 端口的输入信号控制 ALARM_TIME 端口的输出；当控制信号有效(高电平)时，把 NEW_ALARM_TIME 端口的输入信号值输出；RESET 端口输入信号对 ALARM_TIME 端口的输出进行异步清零复位。图 8-7 是闹钟寄存器的示意图。

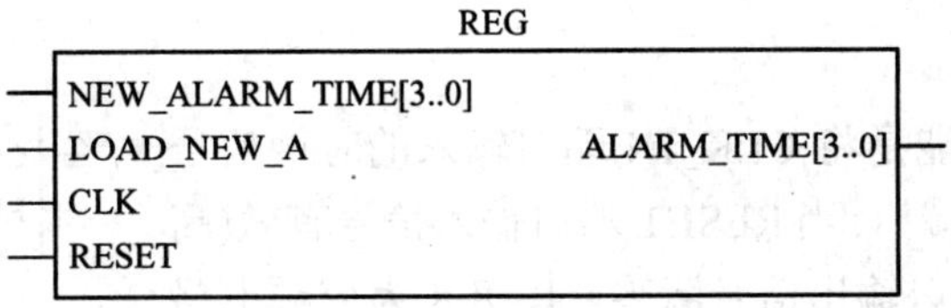

```
                        REG
  ┌─────────────────────────────────────────┐
 ─┤ NEW_ALARM_TIME[3..0]                      │
 ─┤ LOAD_NEW_A            ALARM_TIME[3..0]    ├─
 ─┤ CLK                                       │
 ─┤ RESET                                     │
  └─────────────────────────────────────────┘
```

图 8-7　闹钟寄存器示意图

--闹钟寄存器的源程序 reg.vhd

```
library ieee;
use ieee.std_logic_1164.all;
use work.p_alarm.all;
entity reg is
    port(new_alarm_time:in t_clock_time;
         load_new_a:in std_logic;
         clk:in std_logic;
         reset:in std_logic;
         alarm_time:out t_clock_time);
end entity reg;
architecture art of reg is
begin
    process(clk,reset) is
    begin
        if reset='1' then
            alarm_time(0)<=0;
            alarm_time(1)<=0;
            alarm_time(2)<=0;
            alarm_time(3)<=0;
            alarm_time(4)<=0;
            alarm_time(5)<=0;
        else
            if rising_edge(clk) then
                if load_new_a='1' then
                    alarm_time<=new_alarm_time;
                end if;
            end if;
        end if;
    end process;
end architecture art;
```

8.2.6 分频电路设计

分频电路模块的功能是将 CLK_IN 端口输入的时钟信号
分频后送给 CLK_OUT 端口；当 RESET 端口输入信号有效(高
电平)时，CLK_OUT 端口输出信号清零。图 8-8 为分频电路
示意图。

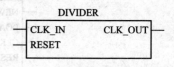

图 8-8　分频器示意图

--分频电路的 VHDL 程序 divider.vhd

```vhdl
library ieee;
use ieee.std_logic_1164.all;
use work.p_alarm.all;
entity divider is
    port(clk_in:std_logic;
        reset:in std_logic;
        clk_out:out std_logic);
end entity divider;
architecture art of divider is
constant divide_period:t_short:=6000;
begin
    process(clk_in,reset) is
    variable cnt:t_short;
    begin
        if (reset='1') then
            cnt:=0;
            clk_out<='0';
        elsif rising_edge(clk_in) then
            if (cnt<=(divide_period/2)) then
                clk_out<='1';
                cnt:=cnt+1;
            elsif (cnt<(divide_period-1)) then
                clk_out<='0';
                cnt:=cnt+1;
            else
                cnt:=0;
            end if;
        end if;
    end process;
end architecture art;
```

8.2.7　时间计数器设计

时间计数器模块的功能是当 RESET 端口输入信号为高电平时，对 CURRENT_TIME 端口的输出信号清零复位；当 LOAD_NEW_C 端口输入信号为高电平时，将 NEW_CURRENT_TIME 端口的输入信号输出给 CURRENT_TIME 端口。RESET 端口的控制优先于 LOAD_NEW_C 端口。当这两个控制信号都无效时，在时钟上升沿同步下，对 CURRENT_TIME 端口输出信号累加 1，并根据小时、分钟、秒的规律处理进位。图 8-9 是时间计数器示意图。

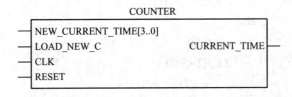

图 8-9　时间计数器示意图

```
                                              --时间计数器的源程序 counter.vhd
library ieee;
use ieee.std_logic_1164.all;
use work.p_alarm.all;
entity counter is
    port(new_current_time:in t_clock_time;
        load_new_c,clk,reset:in std_logic;
        current_time:out t_clock_time);
end entity counter;
architecture art of counter is
    signal i_current_time:t_clock_time;
begin
    process(clk,reset,load_new_c) is
        variable c_t:t_clock_time;
    begin
        if rising_edge(clk) then
            if    reset='1' then
                i_current_time(5)<=0;
                i_current_time(4)<=0;
                i_current_time(3)<=0;
                i_current_time(2)<=0;
                i_current_time(1)<=0;
                i_current_time(0)<=0;
            elsif load_new_c='1' then
```

```
                        i_current_time<=new_current_time;
            else
                c_t:=i_current_time;
                if c_t(0)<9 then
                    c_t(0):=c_t(0)+1;
                else
                    c_t(0):=0;
                    if c_t(1)<5 then
                        c_t(1):=c_t(1)+1;
                    else
                        c_t(1):=0;
                        if c_t(2)<9 then
                            c_t(2):=c_t(2)+1;
                        else
                            c_t(2):=0;
                            if c_t(3)<5 then
                                c_t(3):=c_t(3)+1;
                            else
                                c_t(3):=0;
                                if c_t(5)<2 then
                                    if c_t(4)<9 then
                                        c_t(4):=c_t(4)+1;
                                    else
                                        c_t(4):=0;
                                        c_t(5):=c_t(5)+1;
                                    end if;
                                else
                                    if c_t(4)<3 then
                                        c_t(4):=c_t(4)+1;
                                    else
                                        c_t(4):=0;
                                        c_t(5):=0;
                                    end if;
                                end if;
                            end if;
                        end if;
                    end if;
                end if;
                i_current_time<=c_t;
            end if;
```

```
                    i_current_time<=c_t;
                end if;
            end if;
        end process;
        current_time<=i_current_time;
    end architecture art;
```

8.2.8　显示驱动器设计

　　显示驱动器模块的功能是当 **SHOW_NEW_TIME** 端口输入信号有效(高电平)时，根据 **NEW_TIME** 端口的输入信号(时间数据)产生相应的 6 个待显示的数据。当 **SHOW_NEW_TIME** 端口输入信号无效(低电平)时，判断 **SHOW_A** 端口的输入信号，为高电平时，根据 **ALARM_TIME** 端口的输入信号(时间数据)产生相应的 6 个待显示的数据；为低电平时，根据 **CURRENT_TIME** 端口的输入信号产生相应的 6 个待显示的数据。对于各个待显示的数据，用动态扫描显示方式在 driver 端口输出相应的数据显示驱动信息和数码管选择信息。当 **ALARM_TIME** 端口的输入信号值与 **CURRENT_TIME** 端口的输入信号值相同时，**SOUND_ALARM** 端口的输出信号有效(高电平)，反之无效。图 8-10 为显示驱动器示意图。

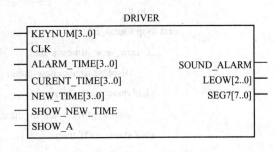

图 8-10　显示驱动器示意图

--显示驱动器源程序 driver.vhd

```
library ieee;
use ieee.std_logic_1164.all;
use ieee.std_logic_arith.all;
use ieee.std_logic_unsigned.all;
use work.p_alarm.all;
entity driver is
    port(keynum:in std_logic_vector(3 downto 0);
        clk:in std_logic;
        alarm_time:in t_clock_time;
        current_time:in t_clock_time;
        new_time:in t_clock_time;
        show_new_time:in std_logic;
        show_a:in std_logic;
        sound_alarm:out std_logic;
        ledw:out std_logic_vector(2 downto 0);
        seg7:out std_logic_vector(7 downto 0));
end entity driver;
```

```vhdl
architecture art of driver is
    signal display_time:t_clock_time;
    signal temp:integer range 0 to 9;
  signal cnt:std_logic_vector(2 downto 0);
begin
    process(alarm_time,current_time,show_a,show_new_time) is
      begin
        sound_lp:for i in alarm_time'range loop
            if not(alarm_time(i)=current_time(i)) then
                sound_alarm<='0';
            else
                sound_alarm<='1';
            end if;
        end loop sound_lp;
            if show_new_time='1' then
                display_time<=new_time;
            elsif show_a='1' then
                display_time<=alarm_time;
            elsif show_a='0' then
                display_time<=current_time;
            end if;
    end process;
    process(clk) is
      begin
        if clk'event and clk='1' then
            if cnt="111" then
                cnt<="000";
            else
                cnt<=cnt+'1';
            end if;
        end if;
    end process;
    ledw<=cnt;
    process(cnt)
    begin
        case cnt is
            when "000"    => temp<=display_time(0);
            when "001"    => temp<=display_time(1);
            when "010"    => temp<=display_time(2);
```

```
                when "011"    => temp<=display_time(3);
                when "100"    => temp<=display_time(4);
                when "101"    => temp<=display_time(5);
                when "111"    => temp<=conv_integer(keynum);
                when others=>temp<=0;
            end case;
            case temp is
                when 0=> seg7<="00111111";
                when 1=> seg7<="00000110";
                when 2=> seg7<="01011011";
                when 3=> seg7<="01001111";
                when 4=> seg7<="01100110";
                when 5=> seg7<="01101101";
                when 6=> seg7<="01111101";
                when 7=> seg7<="00000111";
                when 8=> seg7<="01111111";
                when 9=> seg7<="01101111";
                when others=> seg7<="00111111";
            end case;
        end process;
    end architecture art;
```

8.2.9　系统的总装设计

　　根据图 8-4 数字闹钟系统的总体设计原理图，请读者用原理图或 VHDL 文本输入方式自行完成数字闹钟的顶层总装设计。

8.2.10　系统的硬件验证

　　根据自己所拥有的 EDA 实验开发系统的实际情况，将本系统直接或进行适当修改后进行硬件验证。

8.3　实　　训

8.3.1　交通灯控制系统设计

一、实训目的

(1) 掌握数字系统的设计流程。

(2) 掌握利用原理图与 VHDL 混合设计数字系统的方法。

(3) 掌握交通灯的设计原理与设计实现。

二、实训原理与要求

1．要求

(1) 能显示十字路口东西、南北两个方向的红、黄、绿灯的指示状态，用两组红、黄、绿三色灯作为两个方向的红、黄、绿灯。

(2) 能实现正常的倒计时功能，用两组数码管作为东西、南北方向的倒计时显示，显示时间为红灯45秒，绿灯40秒，黄灯5秒。

(3) 能实现特殊状态的功能。按S1键后，能实现以下特殊状态：

① 显示倒计时的两组数码管闪烁。

② 计数器停止计数并保持在原来的状态。

③ 东西、南北路口均显示红灯状态。

④ 特殊状态解除后能继续计数。

(4) 能实现总体清零功能。按下SB键后，系统实现总体清零，计数器由初状态计数，对应状态的指示灯亮。

(5) 用VHDL语言设计上述功能的交通灯控制器，并用层次化方法设计该电路。

(6) 完成电路全部设计后，通过系统实验箱下载验证所设计课题的正确性。

2．设计思路

交通灯控制器的电路控制原理框图如图8-11所示，主要包括置数器模块、定时计数器模块、主控制器模块和译码器模块。置数器模块将交通灯的点亮时间预置到置数电路中。计数器模块以秒为单位倒计时，当计数值减为零时，主控电路改变输出状态，电路进入下一个状态的倒计时。核心部分是主控制模块。具体控制情况见表8-2。

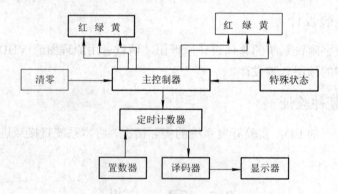

图8-11　电路控制原理框图

表8-2　交通灯控制器状态控制表

状态	主干道	支干道	时间/s
1	绿灯亮	红灯亮	40
2	黄灯亮	红灯亮	5
3	红灯亮	绿灯亮	40
4	红灯亮	黄灯亮	5

3. 设计流程图

由以上要求可以得到该系统的程序流程图如图 8-12 所示。其中，GA、RA、YA 表示 A 支路的绿灯、红灯、黄灯，GB、RB、YB 表示 B 支路的绿灯、红灯、黄灯，S 表示特殊功能按键，T 表示计时的时间。

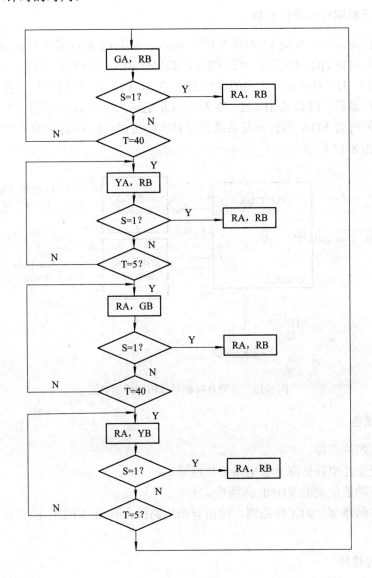

图 8-12　程序流程图

三、实训内容

(1) 分析流程，搞清其逻辑功能。

(2) 用 VHDL 设计顶层各个模块的源程序，并进行分析。

(3) 通过软件进行仿真，并分析仿真结果。

(4) 通过原理图输入设计顶层原理图，并检查编译。

(5) 对系统进行仿真。

(6) 下载验证设计电路的正确性。

四、实训步骤(略)

五、器件下载编程与硬件实现

在进行硬件测试时，按键 k1 对应复位端 reset，按键 k2 对应紧急开关 urgent。EDA 实验开发系统上的时钟 cp2 对应计数时钟 CLK，数码管 M3、M4 对应东西走向的时钟显示。LED 灯 l16、l15、l14 对应东西走向的绿灯 G1、黄灯 Y1、红灯 R1。数码管 M1、M2 对应南北走向的时钟显示。LED 灯 l1、l2、l3 对应南北走向的绿灯 G2、黄灯 Y2、红灯 R2(读者可以根据自己拥有的 EDA 实验开发系统设置对应的按键、LED 灯和数码管)。对应的硬件结构示意图如图 8-13 所示。

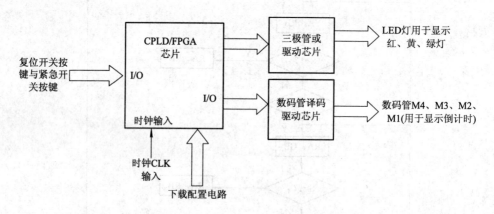

图 8-13　交通灯控制系统的硬件示意图

六、实训报告

(1) 画出顶层原理图。

(2) 对照交通灯电路框图分析电路工作原理。

(3) 写出各功能模块的 VHDL 源程序。

(4) 详述控制器部分的工作原理，绘出详细电路图，写出 VHDL 源文件，画出有关状态机变化图。

七、参考源程序

系统结构图如图 8-14 所示。

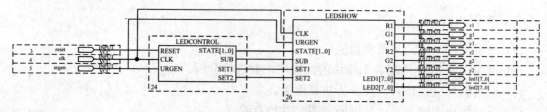

图 8-14　交通灯控制系统结构图

　　　　　　　　　　　　　　　　　　　　　　　　　--ledcontrol.vhd 源程序

```
library ieee;
use ieee.std_logic_1164.all;
use ieee.std_logic_unsigned.all;
entity ledcontrol is
    port(reset,clk,urgen      : in        std_logic;
            state             : out       std_logic_vector(1 downto 0);
            sub,set1,set2      : out       std_logic);
end ledcontrol;
architecture a of ledcontrol is
    signal count : std_logic_vector(6 downto 0);
    signal subtemp: std_logic;

begin
sub<=subtemp and (not clk) ;
statelabel:
process (reset,clk)
begin
if reset='1' then
    count<="0000000";
    state<="00";
elsif clk'event and clk='1' then
    if urgen='0' then count<=count+1;subtemp<='1';else subtemp<='0';end if;
    if count=0 then state<="00";set1<='1';set2<='1';
    elsif count=40 then state<="01";set1<='1';
    elsif count=45 then state<="10";set1<='1';set2<='1';
    elsif count=85 then state<="11";set2<='1';
    elsif count=90 then count<="0000000"; else set1<='0'; set2<='0';end if;
end if;
end process statelabel;
end a;
```

　　　　　　　　　　　　　　　　　　　　　　　　　　--ledshow.vhd 源程序

```
library ieee;
use ieee.std_logic_1164.all;
use ieee.std_logic_unsigned.all;
entity ledshow is
    port(
```

```vhdl
        clk,urgen               : in        std_logic;
        state                   : in        std_logic_vector(1 downto 0);
        sub,set1,set2           : in        std_logic;
        r1,g1,y1,r2,g2,y2       : out       std_logic;
        led1,led2               : out       std_logic_vector(7 downto 0));
end ledshow;
architecture a of ledshow is
    signal count1,count2 : std_logic_vector(7 downto 0);
    signal setstate1,setstate2 : std_logic_vector(7 downto 0);
    signal tg1,tg2,tr1,tr2,ty1,ty2 : std_logic;
begin
led1<="11111111" when urgen='1' and clk='0' else count1;
led2<="11111111" when urgen='1' and clk='0' else count2;
tg1<='1' when state="00" and urgen='0' else '0';
ty1<='1' when state="01" and urgen='0' else '0';
tr1<='1' when state(1)='1' or urgen='1' else '0';
tg2<='1' when state="10" and urgen='0' else '0';
ty2<='1' when state="11" and urgen='0' else '0';
tr2<='1' when state(1)='0' or urgen='1' else '0';
setstate1<=   "01000000" when state="00" else
              "00000101" when state="01" else
              "01000101" ;
setstate2<=   "01000000" when state="10" else
              "00000101" when state="11" else
              "01000101" ;
label2:
process (sub)
begin
if sub'event and sub='1' then
if set2='1' then
    count2<=setstate2;
elsif count2(3 downto 0)="0000" then count2<=count2-7; else count2<=count2-1; end if;
    g2<=tg2;
    r2<=tr2;
    y2<=ty2;
end if;
end process label2;
label1:
```

```
process (sub)
begin
if sub'event and sub='1' then
if set1='1' then
    count1<=setstate1;
elsif count1(3 downto 0)="0000" then count1<=count1-7; else count1<=count1-1; end if;
    g1<=tg1;
    r1<=tr1;
    y1<=ty1;
end if;
end process label1;
end a;
```

8.3.2　数字频率计设计

一、实训目的

(1) 掌握数字系统的设计流程。

(2) 掌握利用原理图与 VHDL 混合设计数字系统的方法。

(3) 掌握数字频率计的设计原理与设计实现。

二、实训原理与要求

频率计的基本原理是用一个频率稳定度高的频率源作为基准时钟，对比测量其他信号的频率。通常情况下计算每秒内待测信号的脉冲个数，此时我们称闸门时间为 1 秒。闸门时间也可以大于或小于 1 秒。闸门时间越长，得到的频率值就越准确，但闸门时间越长则每测一次频率的时间间隔就越长。闸门时间越短，测得频率值刷新得就越快，但测得的频率精度受影响。频率计的结构包括一个测频控制信号发生器、一个计数器和一个锁存器。

设计频率计的关键是设计一个测频控制信号发生器，产生测量频率的控制时序。控制时钟信号 CLK 取为 1 Hz，2 分频后即可产生一个脉宽为 1 秒的时钟 TEST_EN，以此作为计数闸门信号。当 TEST_EN 为高电平时，允许计数；当 TEST_EN 由高电平变为低电平(下降沿到来)时，应产生一个锁存信号，将计数值保存起来；锁存数据后，还要在下次 TEST_EN 上升沿到来之前产生清零信号 CLEAR，将计数器清零，为下次计数作准备。

计数器以待测信号作为时钟，清零信号 CLEAR 到来时，异步清零。TEST_EN 为高电平时开始计数，计数以十进制数显示。本例设计了一个简单的 10 kHz 以内信号的频率计，如果需要测试较高频率的信号，可将 DOUT 的输出位数增加，当然锁存器的位数也要相应增加。

当 TEST_EN 下降沿到来时，将计数器的计数值锁存，可由外部的七段译码器译码并在数码管上显示。设置锁存器的好处是显示的数据稳定，不会由于周期性的清零信号而不断闪烁。锁存器的位数应跟计数器完全一样。数字频率计外部接口如图 8-15 所示。

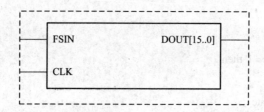

图 8-15　数字频率计外部接口

三、实训内容

(1) 分析流程，搞清其逻辑功能。

(2) 用 VHDL 设计各个模块的源程序，并进行分析。

(3) 通过软件进行仿真，并分析仿真结果。

(4) 通过原理图输入设计顶层原理图，并检查编译。

(5) 对系统进行仿真。

(6) 下载验证设计电路的正确性。

四、实训步骤(略)

五、器件下载编程与硬件实现

在进行硬件测试时，通过 EDA 实验开发系统的扩展口，接由信号发生器产生的信号，设计系统的工作频率为 1 Hz，通过 4 个数码管显示被测的频率。对应的硬件结构示意图如图 8-16 所示。

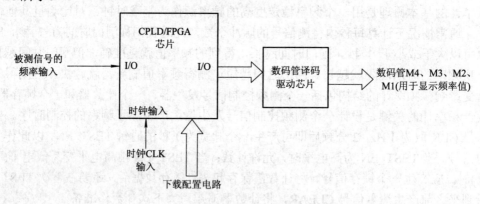

图 8-16　数字频率计的硬件示意图

六、实训报告

(1) 画出顶层原理图。

(2) 对照电路框图分析电路工作原理。

(3) 写出各功能模块的 VHDL 源程序。

(4) 详述控制器各部分的工作原理，绘出详细电路图，写出 VHDL 源文件，画出有关状态机的变化状况。

七、参考源程序

系统结构图如图 8-17 所示。

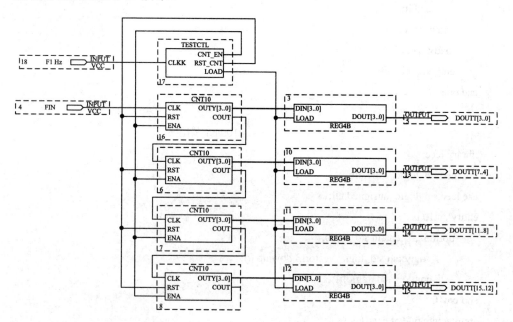

图 8-17　系统结构图

--testctl.vhd 源程序

```vhdl
library ieee;
use ieee.std_logic_1164.all;
use ieee.std_logic_unsigned.all;
entity testctl is
    port(clkk:in std_logic;
            cnt_en,rst_cnt,load:out std_logic);
end testctl;
architecture one of testctl is
    signal div2clk:std_logic;
begin
    process(clkk)
    begin
        if clkk'event and clkk='1' then div2clk<=not div2clk;
        end if;
    end process;
    process(clkk,div2clk)
    begin
        if clkk='0' and div2clk='0' then
                rst_cnt<='1';
```

```vhdl
        else
                rst_cnt<='0';
            end if;
        end process;
        load<=not div2clk;
        cnt_en<=div2clk;
end one;
```

--cnt10.vhd 源程序

```vhdl
library ieee;
use ieee.std_logic_1164.all;
use ieee.std_logic_unsigned.all;
entity cnt10 is
    port(clk,rst,ena:in std_logic;
            outy:out std_logic_vector(3 downto 0);
            cout:out std_logic);
end cnt10;
architecture one of cnt10 is
    signal cqi:std_logic_vector(3 downto 0);
begin
    p_reg:process(clk,rst,ena)
      begin
        if rst='1' then
                cqi<="0000";
        elsif clk'event and clk='1' then
                if ena='1' then
                    if cqi="1001" then
                        cqi<="0000";cout<='1';
                    else
                        cqi<=cqi+1;cout<='0';
                    end if;
                end if;
        end if;
        outy<=cqi;
    end process p_reg;
    --cout<=cqi(0) and cqi(1) and cqi(2) and cqi(3);
end one;
```

--reg4b.vhd 源程序

```
library ieee;
use ieee.std_logic_1164.all;
entity reg4b is
        port(load:in std_logic;
                din:in std_logic_vector(3 downto 0);
                dout: out std_logic_vector(3 downto 0));
        end reg4b;
architecture two of reg4b is
begin
        process(load,din)
        begin
            if load'event and load='1' then
                    dout<=din;
            end if;
            end process;
end two;
```

习   题

8.1 设计用于体育比赛用的数字秒表, 要求:

(1) 计时精度应大于 0.01 s, 计时器能显示 0.01 s 的时间, 提供给计时器内部定时的时钟频率应大于 100 Hz, 建议选用 1 kHz。

(2) 计时器的最长计时时间为 1 小时, 为此需要一个 6 位的显示器, 显示的最长时间为 59 分 59.99 秒。

(3) 设置有复位开关和起停开关。

8.2 设计一个数码锁, 要求:

(1) 采用 3 位十进制密码, 密码用 DIP 开关(或键盘)确定, 必要时可以更换。

(2) 系统通电后必须处于关门状态, 按动 SETUP 键后开始运行, 运行时标志开门的灯或警报灯(警铃)皆不工作, 系统处于安全状态。

开锁过程如下:

(1) 按启动键(START)启动开锁程序, 此时系统内部应处于初始状态。

(2) 依次键入 3 个十进制码。

(3) 按开门键(OPEN)准备开门。

若按上述程序执行且拨号正确, 则开门继电器工作, 绿灯 LO 亮; 若按错密码或未按上述程序执行, 则按开门键 OPEN 后警报装置鸣叫, 红灯 LA 亮。

(4) 开锁事务处理完毕后, 应将门关上, 按 SETUP 键, 使系统重新进入安全状态(若在警报状态, 按下 SETUP 或 START 键应不起作用, 需另用一内部 I_SETUP 键才能使系统进入安全状态)。

(5) 使用者如按错号码，可在按 OPEN 键之前按 START 键重新启动开锁程序。

(6) 号码 0～9、START、OPEN 均用按键产生，并均有消抖和同步电路。

设计符合上述功能的密码锁，并用层次化方法设计该电路。

8.3　设计一个 16 路彩灯控制器，要求 6 种花型循环变化，有清零开关，并且可以选择快慢两种节拍。整个系统共有 3 个输入信号：控制彩灯节奏快慢的基准时钟信号 CLK_IN、系统清零信号 CLR、彩灯节奏快慢选择开关 CHOSE_KEY；共有 16 个输出信号 LED[15..0]，分别用于控制 16 路彩灯。

8.4　汽车车灯控制系统的 VHDL 语言实现。系统功能及要求：汽车上有一转弯控制杆，此杆有 3 种状态：中间位置时，汽车不转弯；向上时，汽车左转；向下时，汽车右转。汽车转弯时相应尾灯和头灯均闪烁。当应急开关合上时，头灯、尾灯均闪烁。汽车刹车时，两个尾灯发出一直亮的信号。如果汽车刹车时正在转弯，则相应的转弯闪烁信号不受影响。

参 考 文 献

[1] 潘松，黄继业. EDA 技术实用教程. 北京：科学出版社，2002

[2] 焦素敏. EDA 应用技术. 北京：清华大学出版社，2005

[3] 江国强. EDA 技术与应用. 北京：电子工业出版社，2005

[4] 金西. VHDL 与复杂数字系统设计. 西安：西安电子科技大学出版社，2003

[5] 谭会生. EDA 技术综合应用实例与分析. 西安：西安电子科技大学出版社，2007

[6] 尹常永. EDA 技术与数字系统设计. 西安：西安电子科技大学出版社，2007

[7] 顾斌. 数字电路 EDA 设计. 西安：西安电子科技大学出版社，2007

[8] 林明权，等. VHDL 数字控制系统设计范例. 北京：电子工业出版社，2005

[9] 王振红. VHDL 数字电路设计与应用实践教程. 北京：机械工业出版社，2003

[10] 谭会生，张昌凡. EDA 技术及应用. 2 版. 西安：西安电子科技大学出版社，2004

欢迎选购西安电子科技大学出版社教材类图书

欢迎来函来电索取本社书目和教材介绍！　通信地址：西安市太白南路 2 号　西安电子科技大学出版社发行部
邮政编码：710071　　邮购业务电话：(029)88201467　　传真电话：(029)88213675。